Christin-Désirée Rudolph

IN THE LINE of FIRE

Die Panzertruppe der Bundeswehr

Motor buch Verlag

Einbandgestaltung: Luis dos Santos

Titelbild: Björn Trotzki

Bildnachweis: alle Bilder, soweit nichts anderes vermerkt: Christin-Désirée Rudolph

ISBN: 978-3-613-03546-1

1. Auflage 2013

Sie finden uns im Internet unter www.motorbuch-verlag.de

Lektor: Martin Gollnick
Innengestaltung: Anita Ament, 71229 Leonberg
Druck und Bindung: Bechtel-Druck GmbH & Co. KG, 73061 Ebersbach/Fils
Printed in Germany

Inhalt

Geleitwort

Brigadegeneral Bernd Schütt, General der Panzertruppen und Kommandeur Ausbildungszentrum Munster.

Die über ein Jahr andauernden detaillierten Recherchen in der Truppe und an den Ausbildungseinrichtungen haben sich definitiv ausgezahlt. Entstanden ist ein Buch, das die Panzertruppe der Bundeswehr von den Wurzeln bis hin zu möglichen Zukunftsperspektiven beschreibt. Dabei steht nicht die Technik, sondern vielmehr der Verbund der Besatzungen mit ihren Kampfpanzern im Vordergrund.

Während des Kalten Krieges galt die Panzertruppe als »Rückgrat des Heeres« und war von zentraler Bedeutung für die Bundeswehr. Seit ihrem Bestehen steht sie für Schutz, Beweglichkeit, Feuerkraft und Durchsetzungsfähigkeit sowie im Zusammenwirken mit anderen Truppengattungen des Heeres und gemeinsam mit den Panzergrenadieren im Zentrum des »Gefechts der verbundenen Waffen / Operation verbundener Kräfte«.

Panzer und Panzergrenadiere ergänzen sich in idealer Weise und sind unverändert befähigt, die Herausforderungen der aktuellen Bedrohungs- und Einsatzszenarien zu meistern. Auch kurz- und mittelfristig bleibt der Kampfpanzer das Mittel der Wahl, wenn Schutz und hohe Durchsetzungsfähigkeit gefordert sind. Aus diesem Grund gehört die Panzertruppe weiterhin zum Fähigkeitsspektrum der Bundeswehr und ist fester Bestandsteil der neuen Struktur »HEER2011«.

Für die Zukunft bietet der LEOPARD 2 noch ausreichend technisches Steigerungspotential, das es besonders im Zusammenwirken mit den wegweisenden neuen Fähigkeiten des Schützenpanzers PUMA auszuschöpfen gilt. Einerseits ist weiterhin die Befähigung zum mechanisierten Kampf in allen Operationsarten zu erhalten, andererseits sind aber auch die Wandlungs- und Anpassungsfähigkeit sowie die Offenheit für neue Ansätze und Kreativität zu fördern. Letzteres gilt es in zukünftige Entwicklungen insbesondere in den Bereichen Waffen- und Munitionsentwicklung, Einsatzgrundsätze und Vorschriften sowie Ausbildung und Übung einfließen zu lassen.

Das Buch bietet für die hierzu erforderliche geistige Auseinandersetzung mit der Panzertruppe für aktive Soldaten sowie für interessierte Leser eine gute Ausgangsbasis. Ich wünsche Ihnen bei der Lektüre dieses interessanten Buches viel Vergnügen.

Bernd Schütt
Brigadegeneral und General der Panzertruppen

Vorwort

Christin-Désirée Rudolph

Meine Entscheidung für ein Buchprojekt über die Panzertruppe der Bundeswehr zog allgemeines Erstaunen und eine Kernfrage nach sich: »Tut sich bei denen noch was?«
Die Frage verwundert nicht, denn wie kaum eine andere Waffengattung unterlag die Panzertruppe unseres Landes während ihrer rund einhundertjährigen Geschichte mit zwei Weltkriegen, dem Kalten Krieg und danach im Fluss der Charta von Paris für ein neues Europa einem schillernden Wandel. Einstmals auferstanden mit einem Paukenschlag, scheint sie heute vielen Außenstehenden im Decrescendo dahinzuschlummern.
Für mich als Militärjournalistin konnte es nicht angehen, die Schwerpunktwaffe des Heeres, die Speerspitze jeder modernen Landstreitmacht in meiner publizierten Buchreihe einfach so unter den Tisch zu kehren, als wären die gepanzerten Kolosse samt ihren Besatzungen in einem Interims-Mausoleum geparkt.
Die Kriege haben sich verändert, und zwangsläufig haben sich Waffen und Gerät dem Gegner in seinem asymmetrischen Raum angepasst, doch die Panzertruppe gibt es immer noch. Zwar stark verschlankt und in den Auslandseinsätzen der Bundeswehr vorwiegend infanteristisch eingesetzt, jedoch mit ihren Kampfpanzern jederzeit abrufbereit und gut vorbereitet auf die militärischen Herausforderungen des neuen Jahrtausends. Für einen aktuellen Einblick in die heutige Panzertruppe habe ich mich aufgemacht, die Menschen in und um den Leopard 2 kennenzulernen. Das Ergebnis dieser »Expedition« halten Sie hier in Ihren Händen.

Christin-Désirée Rudolph

Allen Kampfpanzersoldaten gewidmet, welche den Leoparden führen, lenken, richten, laden und instand halten, insbesondere den »Hacketäuern«!

Antike: Der Streitwagen

Wer sich auf die Reise begibt, um Panzergeschichte zu verstehen, muss sich durch die Jahrhunderte graben, dorthin, wo die Streitkultur ihre Waffen erfand.

Er war die spektakulärste Tempowaffe seiner Zeit. Fast tausend Jahre lang fuhren Krieger im Altertum mit ihm ins Kampfgeschehen und mit Maximalgeschwindigkeit wieder hinaus. Danach verschwand er aus der Kriegsgeschichte, als hätte es ihn nie gegeben. Steppenreiter wie die Skythen verbreiteten mit ihren berittenen Bogenschützen eine effektivere Möglichkeit, den Gegner zu bekämpfen, den sie im Hagel ihrer Pfeile niederstreckten.

Den ersten sichtbaren Nachweis der tatsächlichen Existenz von Streitwagen lieferten von Archäologen eröffnete Hockergräber der Andronowo-Kultur, die in der ersten Hälfte des zweiten vorchristlichen Jahrtausends in Südsibirien und Mittelasien bestand. Benannt nach der gleichnamigen Stadt, in der 1914 die atemberaubenden Grabbeigaben gefunden wurden. Die Menschen dieser Kultur zählen in Fachkreisen zu den Erfindern des Streitwagens mit Speichenrädern.

Streitwagennachbau nach Originalvorbild. Zu sehen in der Ausstellung »Tutanchamun – sein Grab und die Schätze«. *(Foto: Archivbild)*

Streitwagen galten mit Vierspeichen-Rädern als Statussymbol der Herrscher. Militärisch genutzt, waren sie meist mit mindestens Sechsspeichen-Rädern ausgestattet, in der Regel gezogen von zwei, seltener von vier Pferden. Während kriegerischer Auseinandersetzungen setzte man schon damals auf Robustheit durch Speiche und PS. Die in der Antike besonders beliebten Wagenrennen wurden mit vierspännigen Streitwagen ausgetragen.

Der Kampfwagen selbst bestand aus einem mit Rindslederriemen zusammengebundenen Holzrahmen, auf dem sich eine flache Plattform befand, die ganz oder teilweise von einem Geländer umgeben war. Die vedischen Kriegswagen standen nur Königen und adligen Kriegern sowie deren Bogenschützen und den »Wächtern des Wagens«, den gleichrangigen, an beiden Seiten des Wagens positionierten jüngeren Kriegern zu. Der Wagenlenker hatte einen hohen sozialen Status, jedoch eine Stufe unterhalb der übrigen Besatzung. Die Fahrzeuge selbst galten als wertvoll und heilig und waren ein Symbol der Königswürde. Mit den Kriegswagen verbreitete sich auch deren Kult, wie das Glückssymbol des Sonnenrades.

Schriftliche Belege für den Einsatz von Streitwagen finden sich schon in der Bibel in zahlreichen Büchern des Alten Testaments, wo sie furchtein-

Pharao Tutanchamun in seinem Kampfwagen, wie er die Nubier zurückschlägt. Originalabbildung auf einer Schatztruhe aus der Vorkammer seines Grabes. *(Foto: Archivbild)*

flößend als »eiserne Wagen« gehörigen Respekt bei den damaligen Menschen auslösten. Ebenso erzählt eine der bedeutendsten Schriften des Hinduismus, der Rigveda, in den mehr als tausend Hymnen vom Einsatz der »Ratha« genannten Streitwagen, die als Hauptwaffe galten. Zur vedischen Zeit verstand man unter diesem Begriff ein leichtes, schnelles, zweirädriges Fahrzeug mit Holzspeichenrädern, das, von Pferden gezogen, im Krieg als Streitwagen und in Friedenszeiten zur Jagd, bei Rennveranstaltungen oder zu zeremoniellen Zwecken verwendet wurde.

Auch im »Mahabharata« (umfasst etwa 100.000 Doppelverse), dem bekanntesten indischen Epos, werden beim Kampf zweier verwandter Fürstenfamilien auf dem Schlachtfeld von Kurukshetra (nördlich von Delhi) Streitwagen beschrieben. Der Kampf, ein schrecklicher Bruderkrieg, lässt über sechs Millionen Krieger (Kshatriyas) in 18 Tagen sterben. Die Zeit kurz vor Beginn der Schlacht bildet den dramaturgischen Hintergrund, vor dem Krishna seinem Geweihten Arjuna (einer der fünf Pandava-Brüder) transzendentes Wissen offenbart.

Mahabharata-Monument »Arjuna Wijaya« in Jakarta. Das Mahabharata ist ein Heldenepos und zugleich ein bedeutendes religiöses und philosophisches Werk aus vedischer Zeit. *(Foto: Archivbild)*

Aus dem 2. Jh. v. Chr. stammende Wagendarstellungen (unten links auf der Längsstrebe und auf der mittleren Querstrebe) an den Toren des Stupa in Sanchi. *(Foto: Archivbild)*

Von dem Wort »roto« der indogermanischen Ursprache stammen auch das avestische »rava«, das lateinische »rota« und letztendlich das deutsche »Rad« ab.

Funde von Spielzeugwagen beweisen, dass bereits frühe Stadtkulturen im asiatischen Raum Pferdekarren besessen haben. Aus der Zeit der nordindischen Maurya-Dynastie ab 320 v. Chr. wurden verschiedene Modelle von Transportkarren ausgegraben.

Erste realistische Wagendarstellungen aus dem 2. Jahrhundert v. Chr. finden sich in Indien an den Toren der steinernen Umgangszäune des buddhistischen Grab-Denkmals Stupa in Sanchi und in der Verehrungshalle Chaitya im frühbuddhistischen Höhlenkloster Bhaja.

Über Streitwagenkämpfer und »Lenker am kunstreich prangenden Wagen«, gezogen von »gewandten Kriegesrossen«, wird auch in einem der frühesten Epen der Weltliteratur berichtet. In der »Ilias« schrieb Homer, seines Zeichens der erste Dichter des Abendlandes, über den Trojanischen Krieg. Ein Konflikt zwischen Trojanern und Griechen, der mit einem trojanischen Prinzen begann, der die Frau des spartanischen Königs Menelaos entführte. Die Datierung des Werkes, welches um das 8. Jahrhundert v. Chr. entstanden sein soll, ist eines der umstrittensten Themen der Klassischen Philologie, ebenso wie die Person Homers selbst. Trotzdem ist man sich hinsichtlich der Authentizität der Beschreibung des Streitwageneinsatzes sicher. Die Krieger wurden von Wagenlenkern in Streitwagen ins Schlachtgetümmel gefahren, kämpften von dort aus mit Bögen sowie mit Wurfspeeren oder »schwangen« sich zum Nahkampf herab, um mit Schwertern und anderen Waffen zu Fuß weiterzukämpfen (wohl die frühe Form der heutigen Panzergrenadiere). Bei Gefahr kehrte der Wagenlenker zurück, sodass der Kämpfer wieder aufspringen konnte. Er war meist von adligem Geblüt, da Waffen und Gerät zu dieser Zeit vom Kämpfer selbst zu stellen waren. Wagen samt Pferde galten für Normalsterbliche als unerschwinglich.

Zahlreiche Völker nutzten Streitwagen. Der Streitwagen und die Gruppe der Streitwagenvölker entstanden in der großen Ebene, die von Südrussland bis zur Mongolei reichte und damals noch nicht den Charakter der heutigen Wüste Gobi angenommen hatte. Geradezu berühmt für ihre Pferdezucht und Streitwagentechnik waren die Menschen von Mitanni, einem einst mächtigen Reich zwischen dem oberen Euphrat und dem Tigris, das zwischen dem 16. und 13. Jahrhundert v. Chr. die Landkarten zierte. Texttafelfunde in der versunkenen hethitischen Hauptstadt Hattuša (heutige Türkei) lieferten 1906 Aufschlüsse über eine hippologische Schrift, die Kikkuli, ein Bewohner Mitannis, verfasst hatte und welche die Hethiter sowie Assyrer später übernahmen. Kikkuli, der sich selbst als Pferdetrainer bezeichnete, beschrieb auf Tontafeln ausführlich Zucht, Haltung, Fütterung und das Training von Pferden, die vor Streitwagen eingesetzt wurden. Angefangen von kleinen Bewegungs- und Detailübungen ohne Wagen bis hin zu komplizierten Gangwechseln mit Wagen. Schon damals hatte man erkannt, dass ein perfekt konstruierter Streitwagen nichts nutzte, wenn das dazugehörige Pferdegespann nicht entsprechend ausgebildet und die auf die Pferde abgestimmte Fahrtechnik nicht ausgereift war. Noch heute genießen die Schriften des Kikkuli in Reiterkreisen hohe Popularität.

Später verwendeten Hethiter, deren Reich sich über weite Teile Anatoliens und zeitweise auch über die nördliche Hälfte des heutigen Syrien erstreckte, Streitwagen vorwiegend als Fernkampfwaffen, von denen aus sie den Gegner beschossen, um sich anschließend schnell zurückzuziehen. Ihre Besatzung stellte auch keine elitäre Kaste dar wie bei vielen Nachbarvölkern. Es war sogar üblich, eroberte Gespanne samt Fahrern in die eigene Armee einzugliedern. Anfangs gab es einen Bogenschützen und einen Wagenlenker, der beide mit einem Schild beschützte, später kam ein dritter Krieger hinzu, der den Schild übernahm und für den Nahkampf ausgerüstet war. Ihre Heere wurden vom König selbst angeführt. Kriege gingen die Hethiter sehr entspannt an, denn sie glaubten fest daran, dass Götter dem Heer vorauseilten, um durch Stürme, Donnerkeile oder Krankheit den Gegner zu schwächen. Zum Ausgang der Schlacht wurde gern das Orakel befragt.

Durch die Hyksos, die Herrscher der Fremdländer, ein Name vollgesogen mit Schrecken, den die Ägypter geprägt und nie vergessen haben, drang der Streitwagen schließlich bis ins Land der Pharaonen vor. Die Hyksos kamen von Norden, aus Armenien und noch ferneren Gegenden, kein einheitliches Volk, sondern erobernde Schwärme, miteinander verbündet oder einander bekämpfend, die Herrschen und Beutemachen als Lebenszweck empfanden und die Unterworfene für sich arbeiten ließen. Während der zweiten bekannten größeren Schlacht der antiken ägyptischen Geschichte, der Schlacht von Kadesch (1274 v. Chr.) zwischen Hethitern und Ägyptern, standen sich auf beiden Seiten geschätzte zwei- bis dreitausend Streitwagen gegenüber. Kriegsgrund war das Land zwischen den Fronten, der Libanon, nach dessen Kontrolle beide Gegner strebten. Der berühmteste Herrscher des ägyptischen Reiches, Ramses II., setzte sich zum Ziel, das hethitische Bündnissystem aufzubrechen und den Einfluss der Hethiter zurückzudrängen. Dafür stellte er mit zirka 20.000 Mann die größte Armee auf, die es in Ägypten bis dahin gegeben hatte. Sie bestand aus Fußtruppen und leichten Streitwagen, die mit jeweils zwei Soldaten besetzt waren. Die Hauptbewaffnung waren Kompositbogen, die aus mindestens zwei Materialien zusammengesetzt waren, um Wirkungsgrad und Lebensdauer zu verlängern. Sie besaßen eine effektive Reichweite von 90 Metern. Ebenso kamen Hiebwaffen aus Bronze zum Einsatz. Die hethitische Armee bestand insgesamt aus zirka 37.000 Mann, vornehmlich Fußtruppen und Streitwagen. Diese waren im Vergleich zu den ägyptischen Wagen schwerer und unbeweglicher und mit drei Mann besetzt. Die Hethiter verwendeten bereits erste Hiebwaffen aus Eisen. Trotz Pattsituation am Ende der Schlacht verkündete Ramses II. den Sieg. Im Ganzen gibt es 13 verschiedene Darstellungen der Ereignisse, die sich in den Tempeln von Karnak, Luxor, im Ramesseum und in den Tempeln von Abu Simbel, Abydos und Derr sowie auf Papyri befinden. In seinen zahlreichen Monumenten ließ Ramses II. sich häufig als Streitwagenkämpfer abbilden, der seine Gegner mit Füßen tritt.

Ramses II. in der Schlacht von Kadesch. Darstellung im Felsentempel Abu Simbel. *(Foto: Archivbild)*

Unter der Shang-Dynastie (um 1500–1050 v. Chr.) war das Kriegswesen auch in China geprägt von einer in Streitwagen kämpfenden Adelskaste. Allmählich führte jedoch die Konsolidierung größerer Königreiche zur »Periode der streitenden Reiche« (476–221 v. Chr.), die militärische Neuerungen mit sich brachte. Die Armbrust wurde erfunden, und die Reiterei begann den Platz der Kampfwagen im Kriegsfall einzunehmen.

In der Zeit der Streitwagen kam es durch zähes Barbarentum zur Überschichtung höher kultivierter Völker, über deren Epoche ein wildes Durcheinander von Glanz und Untergang, Volksstämmen und Sprachen jeder Art hinwegfegte. Große Herrscher tauchten auf und verschwanden, Abenteurer und Heerkönige griffen in den Lauf der Weltgeschichte ein. Als der als größter Feldherr der Antike geltende Alexander der Große (326–323 v. Chr.) auf seinem berühmten zehnjährigen Eroberungsmarsch, dem Alexanderfeldzug, bis hin zum indischen Subkontinent vordrang, setzte die Armee seines mächtigen Gegners König Poro auf ihre »Cyayturanga«: vier Abteilungen, welche aus Kavallerie, Infanterie, Kriegselefanten und Pferdewagen bestanden. Letztere waren bemannt mit einem Wagenlenker und Schützen, die stehend fuhren. Anfangs vermochte der Monsun Alexanders Truppen zu schwächen, denn die gegnerischen Elefanten trotzten hartnäckig dem Schlamm, in dem die alexandrinischen Pferdewagen steckenblieben. Zum damaligen Zeitpunkt setzten Inder diese Tiere bereits seit 700 Jahren für ihre Kriege ein. Doch in der Schlacht am Hydaspes (326 v. Chr.), in der rund 300 Streitwagen und bis zu 200 Elefanten kämpften, wurden die Inder durch Alexanders Taktik, vor allem die Elefantenführer mit gezielten Speerwürfen zu treffen, besiegt. Kurz nach Alexanders Siegeszug entstand ein Lehrbuch der altindischen Kriegskunst, das Arthashastra (Lehrbuch der Macht und des Wohlstands), mit genauen Größenangaben der »Vehikel« und Schilderungen von deren Einfluss auf das Kampfgeschehen.

Alexanderschlacht. Alexander der Große zu Pferd, wie er den persischen Großkönig Dareios III auf dem Streitwagen in die Flucht schlägt. Mosaik aus dem 2. Jh. v. Chr.; wiederentdeckt bei Ausgrabungen in Pompeji. *(Foto: Archivbild)*

Die Assyrer, die im Altertum im mittleren und nördlichen Mesopotamien (dem heutigen Irak) lebten und denen eine hohe kriegerische Aktivität nachgesagt wird, machten sich ebenfalls die Klassik-Waffe Streitwagen zunutze, gefolgt von Persern und Kelten in der Mitte des ersten vorchristlichen Jahrtausends. Die mit scharfen Klingen an den Rädern versehenen Sichel- oder Sensenstreitwagen der antiken Perser waren gefürchtet, und die Zugehörigkeit der oft sehr ähnlichen Wagen konnte nur durch die Deichselzier entschlüsselt werden. Neu-Assyrische Streitwagen hatten meist einen fächerförmigen Aufsatz, der jedoch auch aus aramäischen Stadtstaaten überliefert ist. Die Deichselzier der Urartäer (aus dem altorientalischen Reich Urartu um den Vansee, heutige Türkei) bestand dagegen aus einer Scheibe mit fünf hochstehenden Zungen, diese ist sowohl im Original mit Besitzinschrift sowie als Abbildung überliefert.

In der Ägäis wurde der Streitwagen in Schachtgräbern nachgewiesen, die, angelegt wie Grotten, in der Antike in Felsen gehauen wurden. Im Vergleich mit den mächtigen Reichen der Assyrer und Perser waren die im 7. Jahrhundert v. Chr. blühenden Stadtstaaten des heutigen Griechenlands eher kleine und scheinbar schwache Gebilde. Sie gründeten ihre Heere auf der Verpflichtung freier Bürger, im Notfall als Hopliten (schwer bewaffnete Fußsoldaten) zu kämpfen.

Griechischer Hoplit stellt sich einem bemannten Streitwagen entgegen. Antike Vasenmalerei. *(Foto: Archivbild)*

Thomas Thornycrofts Statue der britannischen Königin und Heerführerin Boudicca und ihrer Töchter im Streitwagen steht in London. *(Foto: Archivbild)*

Durch die wiederholt aneinandergeratenden Stadtstaaten waren die Bürger häufig gezwungen, zur Waffe zu greifen und ihrer Verpflichtung nachzukommen. Die meisten Hopliten arbeiteten als Bauern, die zur Erntezeit nach Hause eilten, wenn es drauf ankam jedoch im Nahkampf mit gefällter Lanze erbitterte Schlachten austrugen. Die Fußtruppen fochten in einer ungewöhnlichen, in acht Glieder gestaffelten Schlachtreihe, der Phalanx.

Sparta schuf das kampfstärkste Heer, in dem es bereits ganz junge Bürger zu Elitesoldaten heranbildete. Was Sparta als Landmacht darstellte, verkörperte Athen auf See.

Die Römer machten erstmals 295 v. Chr. in der Schlacht von Sentium Bekanntschaft mit dem Kriegsgerät der Kelten. Mit scheppernden Streitwagen und Karren schlugen die mit zahlreichen Völkern wie den Samniten, Etruskern und Umbrern verbündeten Kelten eine bedrohliche Bresche in die römischen Reihen, da die Pferde der Römer wegen des ungewohnten Lärms scheuten und durchgingen. Der herausragende Feldherr Quintus Fabius (etwa 253–201 v. Chr.) konnte das Schlachtgeschick jedoch zugunsten der Römer wenden, nachdem zuerst die Samniten und dann die Gallier von den Flanken her besiegt waren.

Die letzten in Schlachten eingesetzten Streitwagen waren die keltischen »Esseda«, wie die lateinische Bezeichnung für einen Streitwagen lautet. Das Wort »essedum« enthält das lateinische »en« = in und »sedere« = sitzen. Er war im Vergleich zum carrus (lat. = vierrädriger Wagen, Karren) vorwiegend ein Kampfgerät. Auf dem europäischen Festland wurden Esseda zwischen 700 und 100 v. Chr. genutzt, in Britannien und Irland sogar bis ins 3. Jahrhundert nach Christus. Der letzte bekannte kriegerische Einsatz von Streitwagen fand in der Schlacht am Mons Graupius (83/84 n. Chr.) auf keltischer Seite statt.

Insgesamt sind Archäologen etwa 200 keltische Wagengräber bekannt. Der wichtigste Fundort liegt am nordöstlichen Ufer des Neuenburgersees (Schweiz, auch: Lac de Neuchâtel) in der Siedlung La Tène. Neben umfangreichen etwa 2500 anderen Funden wurden auch Wagenteile, Pferdegeschirr und Joche ausgegraben.
Später brachen die Reiterstämme der Skythen, Kimmerier und Hunnen, Bulgaren, Ungarn und Türken sowie die Mongolen Dschingis Khans über ganz Europa und Asien herein. und allmählich wurde der Streitwagen durch den Einsatz von Kavallerie im Krieg verdrängt.
Insgesamt war bis dato keine Waffe so weltverwandelnd gewesen wie seinerzeit der Streitwagen, der wegen des Zusammenspiels von Wagenkonstruktion, dem Lenken eines gezähmten Tieres und dem Mensch als Bediener des Gesamtpaketes Tempowaffe als erste komplizierte Waffe gilt. Überhaupt tritt das Tempo als Waffe hiermit in die Kriegsgeschichte ein, ebenso der Gedanke, dass der waffengeübte Berufskrieger einen Stand bildete, und zwar einen der vornehmsten im damaligen Volk. Hinter dieser Waffe verbarg sich ein Mensch, der Freude an Wagnis und Abenteuer, an persönlicher Tapferkeit und ritterlichem Ethos für sich geltend machte.
Jede Waffe erzählt vom Stil des Kämpfens und der Philosophie ihres Trägers beziehungsweise Anwenders. In der Erfindung, Verbreitung oder Ablehnung bestimmter Waffen verbarg sich stets auch eine Lebensanschauung. Die erste Fernwaffe, der Bogen, wurde von Römern, Griechen und den meisten Germanenstämmen als unritterlich abgelehnt. Bei den Darstellungen der ionischen Odysseus-Sage auf korinthischen und attischen Vasen wird deshalb der Bogen, der zur Kennzeichnung der Szene notwendig ist, zur Seite gestellt und Odysseus ein Schwert, die Waffe des Kampfes Mann gegen Mann, in die Hand gegeben.

Der Streitwagen

- Erster sichtbarer Nachweis: 1914 Andronowo (Weißrussland): Erster sichtbarer Nachweis der tatsächlichen Existenz von Streitwagen durch Hockergräberfunde aus der Zeit um 2000 v. Chr.
- Bedeutende Schriften: Schriftlich dokumentierte Nachweise von Streitwagen (eiserne Wagen) finden sich in der Bibel und in einer der bedeutendsten Schriften des Hinduismus, dem Rigveda sowie auf Texttafelfunden einer hippologischen Schrift (etwa 16. – 13. Jahrhundert v. Chr.), der Wissenschaft vom Pferd, von Kikkuli, einem Bürger Mitannis. In einem der frühesten Epen der Weltliteratur, der »Ilias«, schrieb Homer über den Trojanischen Krieg und skizzierte den »Lenker am kunstreich prangenden Wagen«, gezogen von »gewandten Kriegesrossen«. Auch im »Mahabharata«, dem bekanntesten indischen Epos, werden beim Kampf zweier verwandter Fürstenfamilien auf dem Schlachtfeld von Kurukshetra (nördlich von Delhi) Streitwagen beschrieben.
- Älteste Bildnisse: Eine der frühesten realistischen Wagendarstellungen finden sich in Indien an den Toren (Toranas) der steinernen Umgangszäune am Stupa in Sanchi und im Höhlenkloster Bhaja (2. Jh. v. Chr.).
- Bedeutende Schlachten: Schlacht von Kadesch (1274 v. Chr.), zwischen Hethitern und Ägyptern (Ramses II), mit geschätzten zwei bis dreitausend Streitwagen auf beiden Seiten und der Schlacht am Hydaspes (326 v. Chr.) mit rund 300 Streitwagen, zwischen den Truppen Alexander des Großen und dem indischen König Poro. Der letzte bekannte kriegerische Einsatz von Streitwagen fand in der Schlacht am Mons Graupius (83/84 n. Chr.) auf keltischer Seite statt.

Neuzeit: Von Leonardo bis zu den Kürassieren

Es wird Wagen geben, die von keinem Tier gezogen werden und mit unglaublicher Gewalt daherfahren.

Leonardo da Vinci

Er verewigte Mona Lisas Lächeln in Öl; so schön, dass Napoleon das Gemälde seinerzeit aus dem Louvre in sein Schlafgemach entführte.
Das Universalgenie Leonardo da Vinci (1452–1519) wird noch heute von seinen Landsleuten verehrt, die ihn nicht zuletzt mit der Kehrseite des italienischen Euro unsterblich machten, auf der seine weltberühmte Proportionszeichnung des virtruvianischen Menschen prangt. Er war Künstler der Wissenschaft und Wissenschaftler der Kunst. Die Liste seiner Berufsbezeichnungen ist eine Visitenkarte der Außergewöhnlichkeit: Maler, Bildhauer, Architekt, Anatom, Mechaniker, Ingenieur und Naturphilosoph. Nie fand sich sein rastloser Geist mit den Gegebenheiten ab, stets suchte er nach neuen, besseren Lösungen. Das betraf durchaus auch ganz alltägliche Dinge, so organisierte er beispielsweise, als er in Mailand lebte, die erste Müllabfuhr der Stadt – er war schlicht des Gestanks überdrüssig. Er galt als Schöngeist und sensibler Künstler, der bei genauem Hinsehen überrascht. Was kaum einer weiß: Er betrieb Studien zur Kriegstechnik. Dem Mailänder Regenten Ludovico Sforza, einem Förderer seiner Kunst, schrieb er 1482 folgende Zeilen: »Mein erhabener Herr – jetzt, da ich die Erfindungen all derjenigen, die sich für Meister und Experten von Kriegsmaschinen halten, genügend betrachtet und bedacht habe, und da ich festgestellt habe, dass Funktionsprinzip und Leistung dieser Maschinen sich in keiner Weise von den allgemein gebräuchlichen unterscheiden, so möchte ich – ohne andere herabsetzen zu wollen – die Aufmerksamkeit ihrer Exzellenz erheischen, um Ihnen meine Geheimnisse darzulegen und diese Ihnen dann zu Ihrer vollsten Verfügung zu stellen, um – wenn die Zeit reif ist – all diejenigen Dinge, die ich hier kurz aufführe, zur wirkungsvollen Anwendung zu bringen«.
Leonardo legte Pläne zur Fertigung mobiler Brücken, spezieller Kanonen und Mörser, gepanzerter Fahrzeuge und außergewöhnlicher Katapulte bei. Seine mobilen Kriegsgeräte sollten eine erstaunliche Zerstörungskraft besitzen und waren für den Angriff konzipiert.
Leonardos Panzer in Schildkrötenform, gezeichnet mit kreisrunder Wanne und zeltförmigem Dach, ringsum mit Kanonen bestückt, sollte eine Schneise schlagen, sodass Gegner kaum eine Chance hatten. Die notwendige Stabilität und Panzerung dieser Kampfmaschine hätte zu einem enormen Gewicht geführt, welches auf vier Punkten, den Rädern, in der Wanne ruhen sollte und entsprechende Antriebskräfte erforderte. Zuerst dachte Leonardo an Pferde und andere Zugtiere die im Innern des Panzers für dessen Fortbewegung hätten sorgen sollen. Doch aufgrund der Enge des Gefährtes und des zu erwartenden Gefechtslärms befürchtete er, dass die Tiere scheuten. Deshalb kam er zu der Auffassung, dass auch männliche Muskelkraft ausreichen musste, um den Panzerwagen schnell genug über das Schlachtfeld zu bewegen.
Das für den Bau vorgesehene Material war Holz. Doch Holz allein hätte dieses Gewicht nicht tragen können. Wahrscheinlich verstärkte Metall das Konstrukt. Der runde Rahmen musste tragfähig sein, um die Achsen, das Kurbelgetriebe, 36 Kanonen und acht Männer auszuhalten; ebenso Kanonenkugeln und Schießpulver.
Für die DMAX-Serie »Werkstatt Da Vinci« versuchten Ingenieure und Bastel-Künstler, die Zeichnungen Leonardos im Originalmaßstab auferstehen zu lassen. Im Fall seines Panzers ist diese Umsetzung voll gelungen. Der Panzer rollte tatsächlich, allein angetrieben durch kurbelnde Manpower, und die Kanonen feuerten präzise und wirkungsvoll.

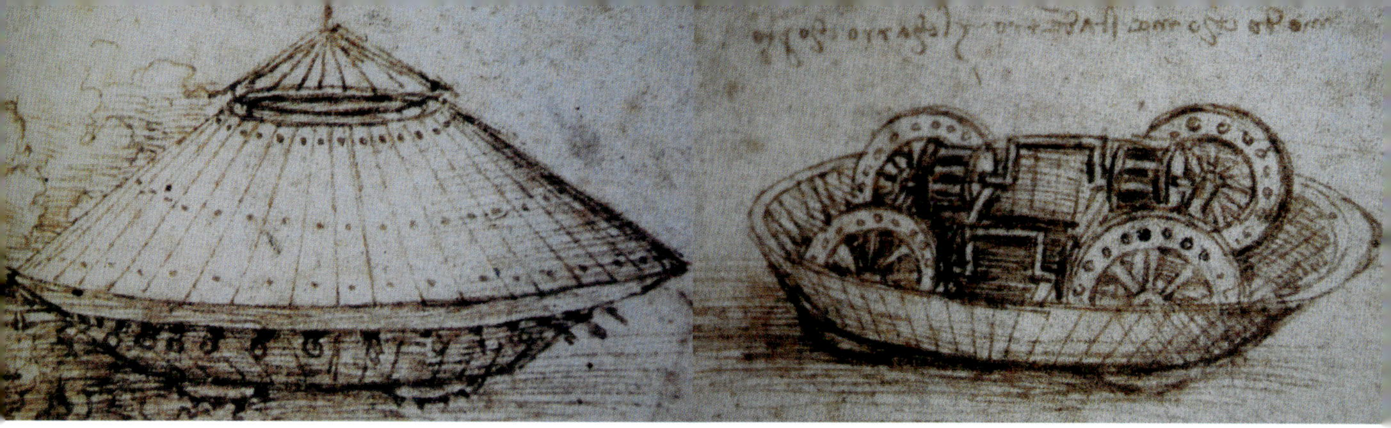

Leonardos Feder- und Tintenzeichnung eines Kampfwagens (ca. 1485–1488). Britisches Museum, London. *(Foto: Archivbild)*

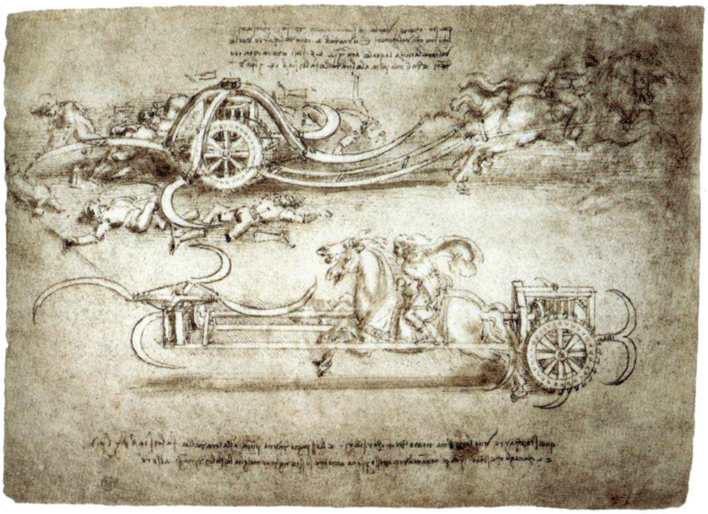

Leonardos Entwurf eines Sichelwagens (ca. 1485–1488). Britisches Museum, London. *(Foto: Archivbild)*

Miniaturmodell von Leonardo da Vincis Kampfwagen in der Ausstellung »Leonardo da Vinci – Mensch, Erfinder, Genie«. *(Foto: Archivbild)*

Das Rätsel um die Waffenfarbe Rosa

Die Waffenfarbe der Panzertruppe irritiert, denn Rosa steht für Sanftheit und Sensibilität, Eigenschaften, die man einem Panzereinsatz nicht gerade zuschreibt. Das führt selbst in Internetforen zu Spekulationen. Die Begründungen sind facettenreich und gehen über »Rosa (Panzer) = Weiß (Infanterie) + Rot (Artillerie) bedeutet: Panzer = Stoßkraft + Feuerkraft« bis hin zu »Rosa war eine der wenigen Farben, die noch übrig waren, denn alle herkömmlichen waren bereits als Waffenfarbe vergeben«. Nichts davon trifft zu.

Wer sich mit der Farbe Rosa auseinandersetzt, wird von ihrer Geschichte überrascht sein, denn Rosa geisterte nicht immer als Klischeefarbe durch die Gezeiten. Früher trugen Prinzen das kleine Purpur als Rosa, während die Regenten ihren Machtanspruch mit Gewändern aus starker Farbe, dem reinen Purpur, symbolisierten. Mädchen waren in die Marienfarbe Blau gehüllt. Nach dem Ersten Weltkrieg verblasste die männliche Bedeutung von Rot und alles verkehrte sich. Die Herrscherfarbe Purpur hatte ausgedient und verschwand aus den Uniformen. Somit war auch Rosa für Jungen nicht mehr logisch. Ab etwa 1920 konnten Farben chemisch hergestellt werden, wodurch das Spiel mit Farben in der Kinderbekleidungsbranche Einzug hielt. Für Jungen wurde der Matrosenstil in Blau zum Trend, für Männer blaue Arbeitskleidung. Blau bekam seinen heutigen männlichen Aspekt, Rosa wurde zur weiblichen Gegenfarbe umgedeutet, was dazu führte, dass diese Farbe oftmals als Synonym für Schwäche abgestempelt wird.

Die Waffenfarbe Rosa der Panzertruppe hat ihren Ursprung bei den Kürassieren, einer der ältesten Gattungen der frühneuzeitlichen schweren Kavallerie. Einige Kürassier-Regimenter wie das preußische Garde-Kürassier-Regiment oder das 1. Westfälische Kürassier-Regiment trugen Uniformen mit altrosa Paspeln, Kragen und Rabatten, Knopfleisten, Schoß- und Ärmelaufschlägen. Die schwere Schlachtkavallerie gilt als Vorgänger der Panzertruppe, die mit starken Männern, großen Pferden und breiten Speeren im steten Wechsel neuer Taktiken für den Entscheidungsstoß sorgte.

Das Wort »Kürass«, aus dem Französischen entlehnt, steht für »Lederpanzer«, genauer für den Brust- und Rückenpanzer des Reiters, und wurde im 15.Jahrhundert im deutschen Sprachraum übernommen. Daraus abgeleitet entstand für die voll gerüsteten Ritter die Bezeichnung Kürassiere. Das Aufkommen von Radschlosspistolen (Zündeinrichtung bei historischen Vorderladerwaffen) in der schweren Reiterei ließ diese Truppe auferstehen. Bis ins 17. Jahrhundert trugen Kürassiere einen Trabharnisch (frz. Harnais, die den Körper bedeckende Rüstung eines Ritters), der bis zu den Knien reichte und über einen geschlossenen Helm oder eine Sturmhaube verfügte. Die typische Bewaffnung eines Kürassiers bestand seit dem 16. Jahrhundert aus zwei Pistolen und einem Reitschwert oder Degen. Vor allem Männer gehobenen Standes bemühten sich um die Aufnahme in eine Kürassier-Einheit, da sie an die ritterlichen Ideale des Mittelalters anknüpfen wollten. Kürassiere blieben bis zum Ersten Weltkrieg das Rückgrat der Reiterei.

Westfälisches Kürassier-Regiment bis 1813. Historische Abbildung. *(Foto: Archivbild)*

Erster Weltkrieg: Sturmpanzer A7V

Es gibt Tage, an denen sich Ereignisse so detailliert ins Gedächtnis einbrennen, dass ein Datum unvergessen bleibt und selbst das Wetter, welches dieses Ereignis einhüllte, beschrieben werden kann. Einer dieser Tage war für deutsche Soldaten der 16. September 1916.

Graue Wolken hingen tief über der vom Ersten Weltkrieg zerstörten Landschaft an der Somme, als sie ohrenbetäubenden Motorenlärm und die Geräusche schwerer Ketten vernahmen. Das Trommeln von Geschützen und das Pfeifen von Maschinengewehren hörte sich im Vergleich dazu fast kleinlaut an. Der anhaltende Regen gab dem durch Granattrichter aufgewühlten Gelände das Aussehen einer Mondlandschaft. Seit Monaten wütete in dieser Gegend die britisch-französische Großoffensive gegen die deutschen Stellungen. Als sich der Dunst von Feuer und Rauch etwas lichtete, erblickten die Deutschen mit schockgeweiteten Augen graugelbe Ungeheuer, die sich langsam, aber stetig auf ihre Schützengräben zubewegten. Was hier geschah, lässt sich durch die vorausgegangenen Kriegsmonate und -wochen aufklären.

Die am 21. Februar desselben Jahres durch das deutsche Heer begonnene Schlacht um die Festung Verdun hatte die französische Armee so sehr geschwächt, dass britische Streitkräfte durch die Offensive an der Somme eine Entlastung für ihre Verbündeten herbeiführen sollten. Etwa 100.000 Mann, verteilt auf dreizehn britische Divisionen, wurden nördlich der Somme, sechs französische Divisionen südlich des Flusses in den Kampf geschickt. Die Angriffsachse bildete die ehemalige Römerstraße vom Örtchen Albert aus, welches schon 54 v. Chr. als römischer Posten gegründet wurde, in Richtung Bapaume. Mit nennenswertem Widerstand der Deutschen rechnete niemand mehr, weshalb die Entente-Truppen in dichten Schützenreihen im Marschtempo vorrückten. Die britischen Soldaten führten zudem schweres Schanzwerkzeug mit sich, um die zerbombten deutschen Schützengräben auszubauen und somit sichern zu können. Doch Angriffe sind nur bedingt kalkulierbar, denn die völlig überraschten und unvorbereiteten alliierten Truppen stießen auf erbitterten Widerstand der Deutschen. Die gegnerische Artillerie hatte zu viele Schrapnell- und zu wenig Sprenggranaten abgefeuert, sodass Abertausende deutscher Soldaten in den tief ins Kalkgestein gegrabenen Unterständen überlebt hatten.

Die Offensive der Briten geriet in schweres MG-Feuer. Nur an wenigen Stellen gelang ihnen die Einnahme vorderster deutscher Schützengräben, die nach kurzer Zeit wieder aufgegeben werden mussten. Von den britischen Soldaten, die am ersten Tag der Somme-Schlacht die deutschen Stellungen angriffen, fielen über 19.000, davon alleine 8000 in der ersten halben Stunde, und fast 36.000 wurden verwundet. Zusätzlich wurden etwa 2100 Mann als vermisst gemeldet. Einzelne Regimenter verloren weit über die Hälfte ihrer Soldaten, ganze Divisionen galten als nicht mehr existent. Der erste Tag der Schlacht an der Somme wurde wegen der hohen Verluste als »schwärzester Tag der britischen Militärgeschichte« bezeichnet und gilt generell als die verlustreichste Einzelschlacht des Ersten Weltkriegs.

Es verwundert nicht, dass die Briten, nachdem sich die Fronten unverrückbar festgelaufen hatten und die Maschinengewehre ein Bewegungsgefecht fast unmöglich machten, am 15. September 1916 eine völlig neue Waffe auf das Schlachtfeld bemühten.

Deren Anblick stürzte die ausgehungerten und vom Schlamm verdreckten Soldaten des deutschen Reserve-Infanterieregiments einen Tag später in blankes Entsetzen und schiere Hoffnungslosigkeit. Das rheinische Infanterieregiment wurde somit als Erster Zeuge der neuen »Tanks« des britischen »Royal Tank Corps«, die an jenem Herbsttag 1916 den ersten Panzerangriff der Kriegsgeschichte fuhren. Der noch heute verwendete Begriff »Tank« geht auf eine Abteilung im britischen Ministerium zurück, die sich zur Geheimhaltung dieser neuen Waffe offiziell mit dem Bau von beweglichen Wasserbehältern für die Wüsten von Mesopotamien (dem heutigen Irak) beschäftigte.

Prototyp »Little Willy«, 1915.
(Foto: Archivbild)

Die Geschichte der Panzertruppe begann 1916 mit dem Vorrücken der ersten britischen Tanks gegen deutsche Stellungen an der Somme.
(Foto: Archivbild)

Doch trotz des Einsatzes der stählernen Überraschungswaffe gelang der erhoffte Erfolg nicht. Von den 49 eingesetzten Tanks erreichten nur 32 ihre Sturmausgangsstellungen, die anderen waren bereits beim Transport oder Anmarsch steckengeblieben.
Einige liefen sich in den zahlreichen Granattrichtern fest oder blieben mit Motorschaden liegen. Tanks, die es bis zu den deutschen Stellungen schafften, wurden massiv unter Feuer genommen. Einige davon explodierten durch Volltreffer oder wurden durch Handgranaten außer Gefecht gesetzt. Nur 13 kehrten zurück. Auch wenn sich die wenigen Panzer, die durch die deutschen Linien brechen konnten, als durchaus wirkungsvoll erwiesen hatten, waren sie doch für einen entscheidenden Schlag in zu geringer Anzahl aufgetreten.

Mark-I-Tank »Black Arrow«, erbeutet durch deutsche Truppen in der gestürmten Ortschaft Fontaine. *(Foto: Archivbild)*

Nachdem im Großraum der französischen Stadt Flers der erste Panzerangriff beendet war, besichtigten staunende deutsche Offiziere die britischen Stahlungetüme. Es handelte sich um Exemplare des Typs »Big Willie«, später unter der Typbezeichnung »Mark I« bekannt.
Der deutsche Generalstab wurde durch die neue Waffe zwar in erhebliche Unruhe versetzt, doch da die Panzer bis auf einen weiteren kleinen Einsatz wenige Tage später im selben Jahr nicht mehr verwendet wurden, erhielt er Zeit, sich auf die neue Technik des Gegners einzustellen. Zudem beschwichtigte die Tatsache, dass zahlreiche Tanks schon vor der ersten Gefechtsberührung ausgefallen waren und dass es beherzten Nahkämpfern und vorgezogener Feldartillerie gelungen war, Tanks gefechtsunfähig zu machen.
Der einzige heute noch erhaltene Mark I steht im »Bovington Tank Museum« (Dorset/Südwestengland). Es wird angenommen, dass er während des Ersten Weltkriegs als Fahrschulpanzer diente. Von den meisten Tanktypen existierte eine »männliche« Version, bestückt mit Kanonen und Maschinengewehren, sowie eine »weibliche«, nur mit Maschinengewehren ausgerüstet.
Dass es überhaupt zum Panzereinsatz der Briten kam, lag an keinem geringeren als dem damaligen Marineminister Winston Churchill. Der reso-

Das erste einsatzfähige Panzermodell weltweit **Typenblatt Mark I / Big Willie**		
	männlich/male	**weiblich/female**
Gewicht	28 t	27 t
Länge	9,9 m mit Steuerrad, 8,05 m ohne Steuerrad	9,9 m mit Steuerrad, 8,05 m ohne Steuerrad
Breite	≈ 4,17 m	≈ 4,17 m
Höhe	≈ 2,44 m	≈ 2,44 m
Antrieb	Benzinmotor, ≈ 106 PS	Benzinmotor, ≈ 106 PS
Kettenbreite	52 cm	52 cm
Höchstgeschw.	ca. 6 km/h	ca. 6 km/h
Reichweite	ca. 36 km	ca. 36 km
Tankvolumen	227 l	227 l
Aktionsradius	36 km	36 kmw
Bewaffnung	2 QF-6-Pfünder-Kanonen 4 .303-Maschinengewehre	6 .303-Maschinengewehre
Panzerung	6–10 mm	6–10 mm
Federung	keine	keine
Besatzung	8 Mann	8 Mann

lute Politiker funkte dem Kriegsminister Lord Kitchener, der gemeinsam mit dem Generalstab in erster Instanz einen Panzer-Entwurf von Offizier Ernest Dunlop Swinton abgelehnt hatte, gehörig dazwischen. Churchill bezeichnete den Panzerentwurf kurzerhand als »Landschiff« und betrachtete dies somit unter das Ressort der Marine fallend. So bildete er aus Marineoffizieren und Zivilisten den »Ausschuss für Landschiffe« und gab ab dem 17. September 1915 grünes Licht für Leutnant Walter Gordon Wilson, der damit begann, den endgültigen Prototyp, später »Mother« genannt, zu bauen.

Die achtköpfigen Besatzungen leisteten im Bauch des Mark I fast Übermenschliches. Umgeben von Temperaturen bis zu 50 Grad, waren die Panzersoldaten stets der Gefahr ausgesetzt, dass die Hitze Munition entzündete. Abgase und Pulverdämpfe drangen in den ungeschützten Innenraum und ließen das Atmen beim Kurshalten mit Hilfe der Kettenbremsen schwerfallen. Der Lärm war ohrenbetäubend, sodass der Kommandant nur durch Klopfzeichen mit einem Hammer seine Befehle übermitteln konnte. Für Munition und Proviant gab es keinen abgegrenzten Stauraum, sodass umherrutschender Ballast ein stetes Verletzungsrisiko darstellte, ebenso Beschuss, der die Gefahr umherfliegender Splitter oder Nieten mit sich brachte. Die Panzerbesatzungen trugen deshalb zum Schutz schwere Lederhelme, Gesichtsabdeckungen und Kettenhemden, was ihnen ein unheimliches, fast außerirdisches Aussehen verlieh.

Erste Tank-Einsätze der Alliierten

- Erster Tank-Einsatz und Panzereinsatz überhaupt bei Flers/Somme, in Fahrt gesetzt am 15. September 1916, 49 Tanks (erste Sichtung durch deutsche Soldaten 16. September).
- Tank-Einsatz bei Cambrai, 20. November 1917, 496 Tanks.
- Soissons/Chateau-Thierry. 18. Juli 1918, 600 Tanks.
- Schlacht von Arras, 9. April 1917, 40 Tanks (Frühjahrsschlacht bei Arras).
- Villers/Bretonneaux, 8. August 1918, Schlussoffensive und »schwarzer Tag des deutschen Heeres« (Schlacht von Amiens):
  - 360 schwere britische Tanks vom Typ Mark IV,
  - 2 Bataillone mit 96 Kavalleriepanzern vom Typ Mark A,
  - 2 Bataillone mit 90 französischen Renault FT-17.

Der britische Mark IV Britannia 1918 bei einer Parade in der Fifth Avenue in New York. *(Foto: Archivbild)*

Abteilung 7 Verkehrswesen – Seriös getarnt zum A7V

Zielstrebigkeit ist eine der preußischen Tugenden, und die war beim »Panzerprojekt« gefordert. Am Willen hatte es den Deutschen noch nie gefehlt. Kompliziert gestalteten sich zu dieser Zeit nur Umsetzung und Möglichkeiten: zum einen fehlten Facharbeiter, zum anderen mangelte es den Industriewerken an Kohle. Das Deutsche Reich war ausgezehrt, seine Ressourcen erschöpft.

Trotzdem erteilte das preußische Kriegsministerium bereits am 13. November 1916 nach einem Gespräch mit der Obersten Heeresleitung (OHL) und der Verkehrsabteilung im Allgemeinen Kriegs-Department den Auftrag zur Konstruktion eigener Tanks. Namhafte Firmen wie Daimler, Lohmann-Benz, Bosch, Büssing, Knoop, Dürkopp und Hansa-Lloyd erhielten nach zahlreichen Besprechungen entsprechende Aufträge. Leistung und Ausstattung zu einem Stückpreis von 250.000 Mark (nach heutiger Kaufkraft und inflationsbereinigt 398.000 Euro) waren durch Oberingenieur und Automobilpionier Joseph Vollmer klar definiert:

- Querfeldeinfahrt über jeden Boden,
- Überfahren von Gräben bis 1,5 m Breite,
- Steigungsfähigkeit querfeldein 1:10, auf Straße 1:4,
- Vor- und Rückwärtsfahren,
- Geschwindigkeit querfeldein 6 km/h, auf Straße 12 km/h,
- Nutzlast mindestens 4 t,
- Panzerung entsprechend Nutzlast,
- Schnellfeuergeschütze vor- und rückwärts,
- Einige Maschinengewehre,
- Motorleistung 80–100 PS,
- Munition 300–500 Schuss je Geschütz, 6000 Schuss je MG.

Einziger Panzer, der im Ersten Weltkrieg von deutscher Seite in Serie gefertigt wurde: Der originalgetreueste Nachbau eines Sturmpanzerwagens A7V im Panzermuseum Munster. Unten links im Bild der Original-Wotan. *(Foto: Archivbild)*

Nur wenige Wochen später, am 22. Dezember 1916, lagen dem preußischen Kriegsministerium die Konstruktionspläne des »A7V-Wagens (Bauart Vollmer)« vor, dessen Bezeichnung sich schlicht von der für dieses Projekt zuständigen Verkehrsabteilung »Abteilung 7 Verkehrswesen des Allgemeinen Kriegsdepartements« ableitete. Doch die OHL, Konstrukteure und Firmen diskutierten sich über die Ausführung der Pläne die Köpfe heiß, denn ihre Ansichten über das Projekt klafften meilenweit auseinander. Militärische Neukonstruktionen waren schon immer ein heikles Terrain: geht dabei etwas schief, wird der Spott zum Begleiter, ertrinkt ein Projekt in Stagnation, türmen sich die Vorwürfe. So vergingen kostbare Monate, ehe der A7V Gestalt annahm. Das Preußische Kriegsministerium ordnete Ende Januar 1917 den Bau von insgesamt 100 A7V an: 10 gepanzerte Kampfwagen sollten es sein sowie auf Basis des gleichen Fahrgestells und Antriebs 90 ungepanzerte Überlandwagen für Nachschubzwecke. Gleichzeitig wurde der Bau eines größeren und schwereren Fahrzeugs angeregt: der A7V-U mit 8,38 Metern Länge und 3,06 Metern Breite sowie einem Gesamtgewicht von 40 Tonnen. Maße, welche die Fahreigenschaften

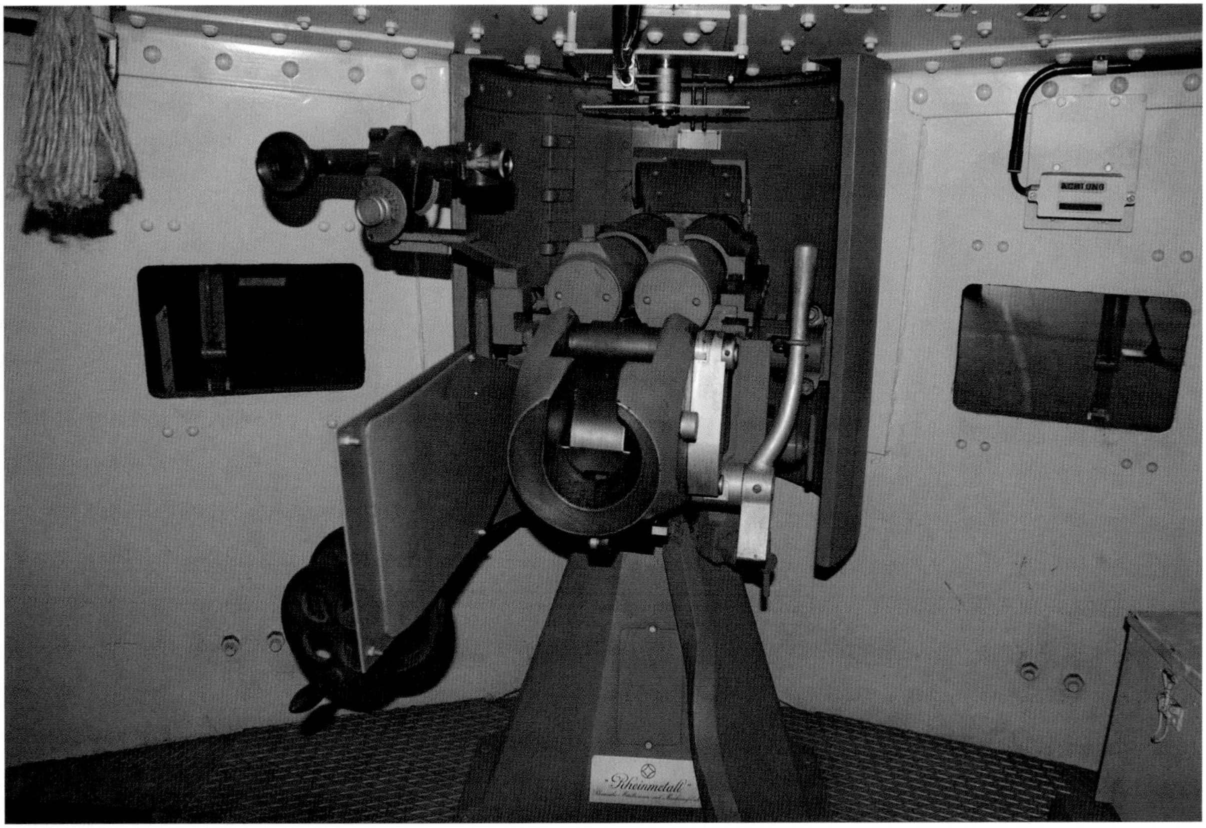

Das Innere des A7V aus der Sicht des Kanoniers.

immens beeinträchtigten und das Projekt scheitern ließen.
Erst am 30. April 1917 erfolgte die Vorführung des ersten Fahrgestells der »Daimler-Motoren-Gesellschaft« (DMG) mit Holzaufbau in Berlin-Marienfelde. Trotz erheblicher Bemühungen des Garde-Pionier-Ersatzbataillons, das hierfür eigens ein Gelände mit Granattrichtern und Gräben ausgehoben sowie Stacheldrahthindernisse aufgebaut hatte und den »Feind« darstellte, war die Oberste Heeresleitung unzufrieden. Erst nachdem die Alliierten vermehrt die neue Tankwaffe auf dem Schlachtfeld einsetzten und die wenige Wochen später vollzogene erneute Vorführung eines Modells mit Panzeraufbau überzeugte, erhielt der Bau deutscher Tanks die »Dringlichkeitsstufe I«, außerdem wurde der Bau von zehn weiteren A7V beantragt. Mit den dann insgesamt 20 Panzern sollten zwei Panzerkampfwagen-Abteilungen zu je fünf Panzern aufgestellt werden und zehn als Reserve bei Ausfällen dienen.

Doch die Suche nach einer geeigneten Kanone lähmte die Konstruktion erneut. Nach langwierigen Diskussionen entschied man sich für die belgische 5,7-cm-Kasematt-Schnellfeuerkanone von Cockerill-Nordenfelt, denn sie verfügte über einen geringen Rohrrücklauf, was wegen des Platzmangels im »Kampfraum Panzer« wichtig war. Die deutsche zuvor geplante Becker-Kanone schaffte es wegen zu geringer Zielwirksamkeit nicht ins A7V-Cockpit.
Der A7V-Panzerwagen 501 »Gretchen« (jedes der A7V-Exemplare erhielt einen Namen, 525 beispielsweise hieß »Siegfried«) war als einziger in einer Ausführung gebaut worden, welche die Engländer »female« nannten. Statt mit einem Geschütz und sechs MGs verteidigte sich Gretchen ursprünglich mit acht MGs. Die Schnellfeuerkanone wurde jedoch nachgerüstet. Doch technische Mängel an Antrieb, Laufwerk und Panzerplatten erwiesen sich auf dem Weg zum ersten Prototypen als Hemmschuh.

Erst Ende Oktober 1917 wurde der erste einsatzfähige A7V fertiggestellt. Bis zum Ende des Krieges blieb es bei den 20 A7V, da die deutsche Führung vorwiegend auf U-Boote und Flugzeuge setzte und somit nicht genügend Rohstoffe für Panzer zur Verfügung standen. Zeitgleich hatte die Ausbildung der Besatzungen begonnen, die aus einem Leutnant als Kommandanten, fünf Unteroffizieren und zehn Mannschaftssoldaten bestand. Im Einsatz erhöhte sich diese Zahl oft auf bis zu 26 Soldaten.
Am 29. September 1917 schließlich befahl Oberst Meyer, der Chef des Feldkraftfahrwesens, die Aufstellung der ersten Sturmwagenabteilungen 1 und 2 mit je fünf Tanks, deren Zusammenstellung in Berlin-Marienfelde erfolgte. Zusätzlich wurden mit Beutepanzern (Mark I – Mark IV) ausgerüstete »Beute-Tank-Abteilungen« aufgestellt. Des Weiteren wurde mit dem »Bayerischen Armee Kraftwagenpark« 20 in Charleroi eine Panzerwerkstatt eingerichtet. Anfang 1918 begann die Ausbildung der ersten fünf A7V der Abteilung 1 in Sedan (Ardennen). Trainiert wurde unter anderem das Zusammenwirken mit der Infanterie und mit Stoßtrupps. Eine eigene Truppengattung für Panzerkräfte gab es damals noch nicht, deshalb wurden Offiziere unter anderem von den Kraftfahrtruppen und der

Die A7V-Besatzung:

- 1 Kommandant
- 1 Gefechtsordonnanz
- 2 Monteure/Mechaniker (von denen einer zusätzlich eine Ausbildung als Fahrer erhalten hatte)
- 1 Geschützführer
- 1 Richtkanonier
- 1 Ladeschütze
- 12 MG-Schützen
- 2 Melder
- 1 Blinker
- 1 Brieftaubenwart

Deutsche Tankbesatzung. Die Männer tragen Asbestanzug, Lederhelm und Splittermaske.
(Foto: Archivbild)

Das erste einsatzfähige Panzermodell der Deutschen **Typenblatt Sturmpanzerwagen A7V**	
Gewicht	30 t
Länge	7,35 m
Breite	3,06 m
Höhe	3,35 m
Antrieb	2 Daimler-4-Zylinder-Reihenmotoren 165 204 (wassergekühlt)
Leistung	200 PS / 147 kW
Hubraum	je 17.000 cm^3
Vergaser	Pallas-Vergaser, Drehzahlbegrenzer
Zündung	Hochspannungs-Magnetzündung
Betriebsstoff	Benzin-Benzol-Gemisch
Verbrauch	7,5 l/km (Straße) 16 l/km (Gelände)
Tankvolumen	2 × 250 l
Reichweite	60 bis 70 km (Straße) 30 bis 35 km (Gelände)
Höchstgeschw.	Straße 16 km/h Gelände 4 bis 8 km/h
Lenkung	Durch Änderung der Motorendrehzahl, zusätzlich Auskuppeln und Abbremsen jeder einzelnen Kette möglich
Getriebe	Mechanisches Dreiganggetriebe
Kupplung	Lederbelegte, entlastete Doppelkonuskupplung
Laufwerk	Vollkettenlaufwerk nach dem Caterpillar-Holt-System
Spurweite	2,115 m
Überschreitfähigkeit	2 m
Watfähigkeit	80 cm
Kletterfähigkeit	40 cm
Steigfähigkeit	25 Grad
Bodenfreiheit	20 cm
Panzerung	Front 30 mm, Seiten 15 mm, Decke 6 mm, Boden vorne 10 mm, sonst ungepanzert
Bewaffnung	1 belgische Cockerill-Nordenfelt-Kasematt-Schnellfeuerkanone 5,7 cm L/26,3 6 MG 08 1 lMG 08/15
Munition	180, später 300 Granaten 5,7 cm 18.000 Schuss MG-Munition
Kommunikation	Brieftauben zur Nachrichtenübermittlung Lichtsignalapparat zur Übermittlung von Feuerbefehlen

Artillerie »ausgeliehen«, ebenso wie Mannschaftssoldaten von der Artillerie und Infanterie (für Geschütz- und MG-Bedienung) sowie von den Kraftfahrtruppen (Fahrer). Aus diesem Grund gab es zu diesem Zeitpunkt auch noch keine entsprechende Panzeruniform. Jeder Panzersoldat trug die Uniform seiner ursprünglichen Waffengattung, ausgestattet mit Feldbluse, Stahlhelm und Feldmütze, Hose und Stiefel oder Schuhe. Offiziere wurden mit Waffenrock ausgestattet; hinzu kam für die Front eine sogenannte Gasmaske. Koppel nebst Bajonett, Feldflasche und sonstiges Zubehör wurden wegen der Enge im Panzer meist nur bei Meldegängen mitgeführt. Einzig Kommandant und Fahrer hatten ausreichend Platz auf gepolsterten Sitzen. Der Kanonier saß auf einem mitschwenkenden Sitz, während sich die MG-Schützen auf Munitionskisten verteilten. Monteure, Melder und der Brieftaubenwart mussten stehen. Um wenigstens eini-

germaßen Halt zu finden, waren an der Decke insgesamt zwölf Halteseile (je sechs pro Kampfraum) angebracht.
Offiziere trugen über der Uniform häufig eine Panzerkombination aus Leinen, teilweise mit Asbest beschichtet, sowie eine modifizierte Fliegerschutzkappe, bei welcher der Ohrenschutz abgetrennt wurde. Sie diente lediglich zum Schutz vor scharfen Kanten im Inneren des Panzers. Die seitlichen Durchgänge neben den Motoren waren nur 1,60 Meter hoch. Daher bewegte sich die Besatzung gebückt, was das Tragen eines Kopfschutzes unerlässlich machte. Hinzu kam, dass die Panzerbesatzungen während der Fahrt auf den unwegsamen Schlachtfeldern hin- und hergeworfen wurden. Gelegentlich trugen Kommandant und Fahrer auch die von britischen Panzerbesatzungen erbeuteten Tankmasken.
Für die Namen der einzelnen A7V standen Figuren aus Goethes Faust, Helden der griechischen und nordischen Mythologie sowie der Nibelungensage und stattliche preußische Könige Pate. So wurden Faust und Gretchen ebenso »wiederbelebt« wie der »Alte Fritz« und zogen in den Krieg.

Der tobte inzwischen gnadenlos weiter mit einer Großoffensive gegen die deutsche Front bei Cambrai, bei der am 20. November 1917 die Siegfried-Stellung mit 378 Tanks, mehreren Infanterie- und Kavalleriedivisionen, unterstützt von Kampfflugzeugen, angegriffen wurde. 13 Kilometer breit und neun Kilometer tief gelang es den Briten, die deutsche Front aufzureißen, was sie veranlasste, in Londons St.-Pauls-Kathedrale vorschnell die Siegesglocken zu läuten. Doch dann drängten die deutschen Truppen die Briten, welche 60 Tanks als Verluste zurückließen, in die Ausgangsstellungen zurück.
Die Truppe versah nach den ersten Einsätzen und Erfahrungen an der Front ihre Panzer mit frei gestalteten Tarnanstrichen, wobei sich die großflächig aufgebrachten Flecken ineinander verwischten. Als es dem Chef des Generalstabes buchstäblich zu bunt wurde, gab er am 17. Juli 1918 eine Empfehlung hinsichtlich der Tarnbemalung heraus, welche auch als Antwort auf die Tarnanstriche der Engländer und Franzosen gewertet werden kann. So sollten jetzt matte, unregelmäßige Tarnflecke in ockergelb, grün und rostbraun aufgemalt werden, die durch breite schwarze Umrahmungen getrennt waren. Sprüh-

Einsätze mit den ersten deutschen A7V-Panzern

- Der erste Einsatz deutscher Sturmpanzerwagen fand am 21. März 1918 im Rahmen der »Operation Michael« (Kaiserschlacht) bei St. Quentin statt. Die Frühjahrsoffensive war der letzte Versuch des Deutschen Kaiserreichs, an der Westfront einen für die Mittelmächte günstigen Ausgang des Krieges herbeizuführen. Die Entente-Mächte glaubten an einen baldigen Zusammenbruch des deutschen Heeres. Für sie kamen die Angriffsoperationen völlig überraschend. Die taktische Aufgabe der A7V als Hilfswaffe der Infanterie war es, feindliche Gräben aufzurollen und hartnäckig verteidigte Widerstandsnester auszuheben. Trotz einiger technischer Schwierigkeiten, Orientierungsproblemen der Besatzungen und einiger Ausfälle gelang es, die gegnerische Infanterie zu überrumpeln. Die A7V hatten ihre Feuertaufe bestanden.
- Der zweite Einsatz der A7V bei Villers-Bretonneux am 24. April brachte bereits die erste Begegnung mit britischen Tanks. Auch im ersten Tank-Gefecht der Geschichte stellten die A7V und ihre Besatzungen Leistungsfähigkeit und Möglichkeiten dieser jungen Waffe unter Beweis.
- Weitere Einsätze folgten am 01. Juni 1918 bei Soissons und Reims,
- am 09. Juni bei Montdidier und Noyon,
- am 15. Juli an der Marne,
- am 03. Oktober bei St. Etienne und
- am 11. Oktober bei Cambrai.

farben für Fahrzeuge kamen beim deutschen Militär erst in den 1930er-Jahren auf. Die ersten A7V, ausgeliefert zwischen Januar und März 1918, besaßen mit großer Wahrscheinlichkeit allesamt einen grauen Anstrich. Erst an der Front trug man ein großes, weiß umrahmtes schwarzes Eisernes Kreuz an Bug und Heck auf, das kurze Zeit später bei einigen Wagen auch auf beide Flanken gemalt wurde. Zusätzlich stand bei fast jedem A7V links am Bug neben der Kanone der Name des Panzers in weißer Farbe, der teilweise auch auf das Heck gemalt war. Die Chassisnummer befand sich auf den Innenseiten der Türen. Dann wurden neue Kennzeichnungsrichtlinien erlassen:

- Die Wagen sollten an ihren Flanken jeweils in der Mitte einen mehrfach umrandeten Kreis tragen, in dessen Mitte die Nummer des Panzers in der jeweiligen Abteilung (1–5) stand. Dieser Kreis sollte von jeweils zwei Eisernen Kreuzen flankiert werden.
- Die Wagen der 1. Abteilung erhielten nach dem erfolgreichen Einsatz bei St. Quentin statt des Eisernen Kreuzes am Bug einen weißen Totenkopf mit gekreuzten Knochen.
- Einige Besatzungen malten links und rechts neben den Totenkopf je ein Eisernes Kreuz auf ihren Wagen. Ab September 1918 wurde der Totenkopf bei allen A7V-Abteilungen auf den Bug gemalt.
- Die kreisförmigen Markierungen wurden recht schnell wieder abgeschafft. Nach einer neuen Vorgabe wurden an deren Stelle nun weiß umrandete rote römische Ziffern aufgemalt.
- Im Sommer 1918 gab es eine erneute Änderung bezüglich der Eisernen Kreuze. An ihrer Stelle wurden nun Balkenkreuze verwendet. Das Aussehen dieser Kreuze wich jedoch bei einigen Panzern beträchtlich voneinander ab. Daneben gab es noch individuelle Bemalungen durch die Truppe.

Das Resümee des Einsatzes der A7V-Wagen ergab, dass die Stärken des A7V im Einsatz klar im Bereich Geschwindigkeit, Aktionsradius, Beobachtungs- und Wirkungsmöglichkeiten, Feuerkraft, Panzerung und der großen Munitionsausstattung lagen, deckten jedoch auch deutliche Mängel auf wie die geringe Geländegängigkeit und Grabenüberschreitfähigkeit sowie die eingeschränkte Kletterfähigkeit.

Wegen weiterer Schwachpunkte wie Anlassproblemen, Überhitzung, Getriebebrüchen und dem häufigen Entgleisen der Ketten wurde der A7V oft zu Unrecht als Fehlkonstruktion betitelt, dabei besaß kein anderes Fahrzeug des Ersten Weltkrieges eine größere Feuerkraft oder eine stärkere Panzerung bei zugleich verhältnismäßig hoher machbarer Geschwindigkeit.

Die taktischen Erfahrungen mit dem A7V zeigten, dass genaue Erkundung, sorgsame Absprachen, geeignetes Gelände, Schutz und Unterstützung durch andere Truppen, Verbindung untereinander, das Bereithalten der erforderlichen Versorgungsgüter und das Überraschungsmoment die wesentlichen Voraussetzungen für einen erfolgreichen Einsatz bildeten.

Am 21. Oktober, knapp drei Wochen vor Kriegsende am 11. November, wurden alle drei Panzerabteilungen sowie die Beute-Tank-Abteilungen von Charleroi nach Erbenheim verlegt, einem Ortsteil Wiesbadens, und am 17. November 1918 aufgelöst. Der Versailler Vertrag der Pariser Friedenskonferenz 1919, der den Ersten Weltkrieg formal beendete, verpflichtete das Deutsche Reich zu Gebietsabtretungen, Abrüstung und Reparationszahlungen an die Siegermächte. Hierin geregelt war auch der Verbleib der letzten noch funktionstüchtigen A7V, welche an Polen ausgeliefert werden mussten, um sich dort noch einmal im polnisch-russischen Krieg 1920 zu bewähren. Die wenigen LK I und LK II übernahm die schwedische Armee.

Der einzig erhalten gebliebene A7V ist Wagen 506 »Mephisto«, der sich im »Queensland-Museum« in Brisbane/Australien befindet. In Deutschland ist im Panzermuseum in Munster der einzige Nachbau des Wagens 563 »Wotan« zu besichtigen. Die einzig erhaltene Hauptwaffe, die belgische Schnellfeuerkanone von Wagen 504/544 »Schnuck«, ist heute im »Imperial War Museum North« in Manchester ausgestellt.

Weimarer Republik: Das Projekt Großtraktor/Leichttraktor

Die weitere Entwicklung der deutschen Panzertruppe begann nach dem Ersten Weltkrieg im heutigen Tatarstan, westlich des Uralgebirges, mehr als 2000 Kilometer vom Deutschen Reich entfernt. Zu dieser Zeit war jenes Land eine autonome Republik innerhalb der »Russischen Sozialistischen Föderativen Sowjetrepublik« (RSFSR). Seine Bewohner, die Tartaren, waren und sind ein Volk mit verwegener Geschichte, besaßen im Europa des Mittelalters einen furchterregenden Ruf. Sie waren bekannt als brandschatzende und plündernde Armeen Dschingis Khans und erhielten den Namen »die aus der Hölle kommen«, abgeleitet von Tartaros, was in der griechischen Mythologie einen Teil der Unterwelt noch unterhalb des Hades benennt. Tatarstans Hauptstadt Kasan, etwa 750 Kilometer östlich von Moskau gelegen, war von Iwan dem Schrecklichen erobert und Russland einverleibt worden. Hier wurden durch die Deutsche Reichswehr (Inspektion 6 Kraftfahrwesen) im Rahmen der deutsch-sowjetischen Militärkooperation gemäß dem Vertrag von Rapallo (16. April 1922) Panzer erprobt, Panzertaktiken entwickelt und Soldaten an Panzern ausgebildet. Der Vertrag normalisierte die Beziehungen der beiden Staaten, die mit ihm ihre internationale Isolation durchbrechen wollten, und sollte darüber hinaus die Verhandlungsposition des Deutschen Reiches gegenüber den Westmächten stärken.

Kasan; Hauptstadt der Republik Tatarstan in Russland. Hier erprobten Deutsche Militärs von 1926 bis 1933 im Geheimen und in Zusammenarbeit mit der Roten Armee Panzer, bildeten an ihnen aus und entwickelten neue Panzertaktiken. *(Foto: Archivbild)*

Die Zusammenarbeit zwischen dem Reichswehrministerium und der Führung der Roten Armee vertiefte sich im Sommer 1921, im Jahr der Neubildung der Reichswehr und der Aufstellung der Inspektion der Kraftfahrttruppen. Die ersten Kontakte knüpfte der damalige Chef der Heeresleitung, Generaloberst Hans von Seeckt, der mit dem türkischen Generalleutnant und Kriegsminister Ismail Enver »Pascha« (Ehrentitel) bekannt war.

Kampfwagenabzeichen	
Stifter:	Der Reichswehrminister
Datum:	15. Juli 1921
Voraussetzung:	Mindestens drei Feindfahrten in deutschen A7V-Wagen oder britischen Beutetanks im Felde, und bei Verwundung während dieser Fahrten.
Platzierung:	Uniform, linke Brusttasche.
Aussehen:	Ovaler Schild, eingefasst mit Eichenlaub und Lorbeer. Der Kranz mit Schleife, lief in einen Totenkopf, dem Kennzeichen ehemaliger deutscher Tanks, aus. Im Schild selbst war ein A7V dargestellt.
Anzahl:	99 Verleihungen.

»Leichttraktor«, erprobt an der Panzerschule in Kasan. *(Foto: Archivbild)*

1926 erhielten die Unternehmen Rheinmetall, Daimler-Benz und Krupp den Auftrag, einen Versuchspanzer in der 20-Tonnen-Klasse zu entwickeln. Zwischen 1928 und 1929 stellten sie jeweils zwei Prototypen aus Weichstahl her, die aus Gründen der Geheimhaltung mit der Tarnbezeichnung »Großtraktor« und »Leichttraktor« versehen waren und zu den ersten deutschen Panzerfahrzeugen zählten, die nach dem Ersten Weltkrieg entstanden.
Am 1. August 1929 reisten elf junge Reichswehroffiziere, die zuvor zum Schein aus dem Dienst entlassen worden waren, offiziell als sogenannte »Kursanten« zum ersten zwei Jahre dauernden Lehrgang nach Kasan. Bereits im Frühjahr verließen als landwirtschaftliche Traktoren getarnte Panzer-Prototypen, in Einzelteile zerlegt, Deutschland auf dem Seeweg ab Stettins Hafen mit Kurs Richtung Leningrad, von wo aus sie mit der Bahn nach Kasan verbracht wurden.
Die Rote Armee stellte Übungsgelände, Unterkünfte, Gerät und 60 Mann an Hilfspersonal zur Verfügung. Während die Winterkurse als rein theoretische Schulung beim Kraftfahr-Lehrkommando in Berlin-Moabit stattfanden, wurden die Sommerkurse in Kasan durchgeführt, wo man vor allem an den Leichttraktoren Technik und Taktik der Panzerwaffe vermittelte. Die praktische Ausbildung begann mit Fahr-, Schieß- und Funkdienst. Darauf aufbauend erfolgte die taktische Zug- und Kompanieausbildung. Neben sechs Großtraktoren und vier Kleintraktoren verfügte die Schule über britische Panzerkampfwagen der Typen Carden-Lloyd und Vickers Mark II sowie über zahlreiche Fahrzeuge des sowjetischen Panzerbaus (T-26, T-28, T-35 und der BT-Reihe). Auf dem weitläufigen Übungsgelände wurden Fahrzeuge und Besatzungen größtmöglichen Belastungen ausgesetzt, für die unterschiedlichen Fahr-, Wasser- und Schießversuche

waren Ingenieure und Spezialisten der Firmen Krupp, Rheinmetall und Daimler-Benz zuständig. Die Übungen bildeten den Grundstein für das später erfolgreich angewandte Blitzkrieg-Konzept.

Mit der Machtübernahme der nationalsozialistischen Regierung endete jedoch die Zusammenarbeit, und auch die Panzer kehrten zurück nach Deutschland. Insgesamt waren lediglich 30 Panzerfachleute in Kasan ausgebildet worden.

Anfang der 1930er-Jahre begann eine neue Ära der Panzergeschichte. Das Oberkommando des Heeres (OKH) forderte, aus den gewonnenen Erfahrungen mit dem Großtraktor einen neuen schweren Kampfpanzer zu entwickeln. Vom Generalstab waren zwei Panzerhaupttypen vorgesehen. Der erste sollte eine 37-Millimeter-Panzerabwehrkanone mit hoher Mündungsgeschwindigkeit tragen und in großer Zahl als Hauptmasse eines Panzerangriffs eingesetzt werden. Der zweite Typ war als mittelgroßer Panzer vorgesehen mit einem Gewicht von 20 Tonnen. Er sollte mit der größeren 75-Millimeter-Kanone zum Abfeuern von Sprenggranaten befähigt sein und das leichtere Panzerfahrzeug unterstützen. Diese Rollen wurden letztendlich von den Panzertypen III und IV ausgefüllt, deren Entwicklung und Herstellung viel länger dauern sollte als geplant. In der Zwischenzeit wurden Panzer I und II als kleinere, leichtere Panzer eingesetzt, um die Lücke zu schließen.

Mit der Tarnbezeichnung »Neubaufahrzeug« (PzKpfw Nb.Fz.) gelang es abermals, die interalliierten Kontrollkommissionen auszutricksen. Entwürfe erwartete man von den Firmen Rheinmetall, die zwei Testfahrzeuge baute (Nb.Fz. V / Ent-

Die ersten deutschen Panzerfahrzeuge nach dem Ersten Weltkrieg **Typenblatt Großtraktor/Leichttraktor**		
	Krupp M. 18 Großtraktor	**Rheinmetall Leichttraktor**
Besatzung	6 Mann	4 Mann
Länge	6,42 m	4,32 m
Breite	2,76 m	2,26
Höhe	2,30 m	2,27 m
Bodenfreiheit	0,36 m	0,29 m
Gefechtsgewicht	16.400 kg	8960 kg
Leistungsgewicht	15,24 PS/ Tonne	11,16 PS/ Tonne
Panzerung	10 bis 14 mm	13 mm
Geschwindigkeit	37,5 km/ h	35 km/ h
Steigfähigkeit	30 Prozent	30 Prozent
Überschreitfähigkeit	2 m	1 m
Kletterfähigkeit	1 m	0,60 m
Bodendruck	0,52 kg/ cm^2	0,73 kg/ cm^2
Motor	BMW Va 6-Zylinder-Reihenmotor, wassergekühlt	Daimler-Benz M 36 6-Zylinder-Reihenmotor, wassergekühlt
Hubraum	22.920 cm^3	7793 cm^3
Leistung	250 PS	100 PS
Bewaffnung	7,5-cm-Kanone L/24, 102 Schuss 3 MGs, 6000 Schuss	3,7-cm-Kanone L/45, 150 Schuss 1 MG, 3000 Schuss

»Großtraktor«, konzipiert als schwerer Durchbruchswagen. Erprobt an der Panzerschule in Kasan. *(Foto: Archivbild)*

wurf A), und Krupp, welche drei Testfahrzeuge (Nb.Fz. VI / Entwurf B) lieferte. Das Fahrwerk beider Firmen bestand aus fünf Doppellaufrollenwagen und vier Stützrollen. Die Forderung nach einem zeitgemäßen Turmkonzept setzten die Konkurrenzfirmen unterschiedlich um. Man orientierte sich hier im Panzerbau an Schlachtschiffen, was den Bau von mehreren Türmen auf einem Fahrzeug zur Folge hatte. Krupp bestückte seine Panzer mit einer 105-Millimeter-Kampfwagenkanone und einer koaxial angeordneten 37-Millimeter-Waffe; Rheinmetall hingegen mit einer 75-Millimeter-Kampfwagenkanone mit darüberliegender 37-Millimeter-Kanone. Beiden gemeinsam war eine Sekundärbewaffnung mit je zwei 7,92-Millimeter-Maschinengewehren vom Typ MG 34, von denen jeweils eines in einem separaten, diagonal zum Hauptturm platzierten Turm (Türmchen) vorne links beziehungsweise hinten rechts untergebracht war. Die Briten bauten ihren »Independent« und die Sowjets ihre T-32- und T-28-Reihe mit dieser Anordnung. Das größte Problem war die Panzerung, welche mit 16 Millimetern an der Front und 13 Millimetern an den Seiten sehr schwach ausfiel. Wegen der dünnen Panzerung und der geringen Feuerkraft erwiesen sich die Testfahrzeuge als kaum kampftauglich. Die drei Krupp-Exemplare waren 1940 bei dem »Unternehmen Weserübung«, der Besetzung Norwegens und Dänemarks im Einsatz, jedoch mit dem Hauptziel des Paradierens in Oslo, um den Alliierten die Anwesenheit schwerer deutscher Panzer vorzutäuschen. Alle drei Exemplare wurden bei Angriffen zerstört, die beiden Rheinmetall-Exemplare auf dem Truppenübungsplatz Putlos zu Ausbildungszwecken eingesetzt. Ihr Verbleib ist unklar.

Zweiter Weltkrieg: Die Ära der Panzerkampfwagen

Mit dem Nationalsozialistischen Regime und dem Beginn des Zweiten Weltkriegs am 1. September 1939 begann das dunkelste Kapitel der deutschen Geschichte. Lange zuvor schon hatten sich die territorialen Machtbestrebungen der Führung des Deutschen Reiches abgezeichnet. Die Entwicklung kampfstarker Panzer hatte in dieser Ära somit oberste Priorität.

Offiziere, die das große Potenzial des Panzers früh erkannten, waren der erste Generalstabsoffizier der Inspektion der Kraftfahrtruppen und spätere General der Panzertruppe Walther Kurt Joseph Nehring (1892–1983), der mehrere Publikationen und Studienergebnisse bezüglich der Panzerwaffe veröffentlichte sowie Kriegseinsätze in Afrika und an der Ostfront befehligte, und der spätere General der Panzertruppe Heinz Wilhelm Guderian (1888–1954), der schon zu Zeiten der Weimarer Republik als Kommandant des »Truppenamtes für Heerestransport« und als Ausbilder für die Taktik motorisierter Verbände im Rang eines Majors in Berlin eingesetzt war. Beide waren Veteranen des Ersten Weltkriegs und militärisch erfahrene Männer. Noch heute gilt Guderian als Erfinder der Panzertruppe als selbständiger Truppengattung, der wesentlich zur Entwicklung moderner Konzepte wie dem »Gefecht der verbundenen Waffen« (entspricht dem heutigen Konzept »Operation verbundener Kräfte«) und der Führungsphilosophie »Führung von vorne« beitrug.

Guderians Vorschläge klangen siegversprechend: »Ließe man einen Panzer mit seiner eigenen Geschwindigkeit vorgehen, statt ihn durch das langsame Tempo der übrigen Truppe aufzuhalten, so würde er das ideale Mittel sein, statische Grabenkämpfe zu vermeiden.«

Mit einer Reihe von Übungen und motorisierten Kriegsmanövern zeigte Guderian, dass bewegliche Panzerdivisionen einen modernen Krieg in kürzestmöglicher Zeit gewinnen könnten, was ihm die Beinamen »schneller Heinz«, »Heinz Brausewind« und »Panzeradmiral«, einbrachte.

Vom Leutnant zum General: Heinz Wilhelm Guderian, der »Erfinder« der Panzertruppe als selbständiger Truppengattung. *(Foto: Archivbild)*

Der am 12. März 1937 in Kraft getretene Mobilmachungsplan sah für das Heer eine einschneidende Vergrößerung seiner motorisierten Teile vor. Dies hatte eine grundlegende Neuformierung der zentralen Waffenschule der Panzertruppen in Wünsdorf/Brandenburg sowie deren Lehrtruppen zur Folge.

Die Panzertruppenschule (PzTrS) Wünsdorf

- Mit der Machtergreifung durch die Nationalsozialisten 1933 entwickelte sich Wünsdorf zum Zentrum in der Entwicklung der »schnellen Truppen«.
- Am 12. Oktober 1937 wurde die »Panzertruppenschule (PzTrS) Wünsdorf« neu benannt.
- Die PzTrS führte technische und taktische Lehrgänge sowie Schießlehrgänge durch.
- Die PzTrS gliederte sich in eine Panzer-, Panzerabwehr- und Versuchsabteilung.
- Die Kraftfahr-Kampftruppen-Lehrabteilung gliederte sich in eine Panzerspäh-, Kradschützen- und eine Schießlehrkompanie.
- Während des Zweiten Weltkriegs nahm die Bedeutung der Panzertruppenschule rasant zu, denn es sollten schnellstmöglich qualifizierte Panzertruppen herangezogen werden, die den technischen Entwicklungssprüngen der Panzertechnik gewachsen sein mussten.
- Am 1. Februar 1940 wurden die technischen Lehrgänge als eigenständige »Schule für Heeresmotorisierung« herausgelöst, sodass sich die Panzertruppenschule ausschließlich auf die operativ-taktische Ausbildung konzentrieren konnte.

Die damalige Politik begann schon früh und gezielt damit, das deutsche Volk mit propagandistischer Raffinesse zu verführen und auch die Panzertruppe als schlachtentscheidendes Potenzial zu missbrauchen. Als die Wehrmacht unter dem Deckmantel des Münchner Abkommens vom 30. September 1938, welches die Annexion des Sudetengebietes durch das Deutsche Reich festlegte, in die Tschechoslowakei einmarschierte, enteignete sie sämtliche tschechischen Panzer der Firmen ČKD und Škoda und gliederte diese in ihren Bestand ein. Die beiden Beutepanzer PzKpfw 38(t) und P 35(t) stärkten die Möglichkeiten der Panzertruppe in der Anfangsphase des Krieges maßgeblich, und auch der unrechtmäßige Einmarsch in Polen führte kriegsgeschichtlich durch die junge Panzertruppe im nachfolgenden Polenfeldzug zu umstürzenden Ereignissen.

Panzerkampfwagen 35(t). Beutepanzer aus der Besetzung der Tschechei 1939. *(Foto: Archivbild)*

Panzerkampfwagen 38(t). Beutepanzer aus der Besetzung der Tschechei 1939. *(Foto: Archivbild)*

Viele Soldaten, oft noch im Teenageralter, glaubten damals, einer guten Sache zu dienen. Kampfkraft und Leistung der deutschen Panzertruppe galten als herausragend und führten durch deren eisernen Willen und ausgeklügelte Taktiken anfänglich auch zu großen Erfolgen auf dem Schlachtfeld.

Panzerdivisionen sollten durch schnelle Vorstöße die Linien des Gegners durchbrechen, um dessen Stellungen zu isolieren, und durch Schnelligkeit und Überraschung zum wichtigsten Entscheidungsfaktor jeglicher Großoffensive werden (Blitzkriegsstrategie). In engem Zusammenwirken mit der Luftwaffe sollte diese die Panzertruppe mit gezielten Luftangriffen unterstützen. So wollte man jeglichen Widerstand ausschalten und den Weg für die Panzer freimachen. Um auf diese Weise einen Kampf führen zu können, wurden die Panzerdivisionen zu Beginn sorgfältig strukturiert: Jede Division bestand aus einer Panzerbrigade mit zwei Panzerregimentern und zwei Schützenbataillonen sowie einer Kradschützen-Kompanie. Als weitere Divisionseinheiten gab es Artillerie, Aufklärungs- und Panzerabwehrbataillone sowie Baukompanien und Nachrichtenbataillone.

Guderian bestand darauf, dass jeder Panzer mit Gegensprechanlage sowie Funkgerät ausgestattet wurde, was den Deutschen zumindest in der Anfangsphase des Krieges durch die besseren Führungsmöglichkeiten einen entscheidenden Vorsprung gegenüber ihren Gegnern verschaffte. Doch so vielversprechend, wie die junge Panzertruppe zu Beginn des Krieges über Polen, Frankreich und die Benelux-Länder sowie den Balkan hinwegfegte, so schrecklich endeten schließlich der durch Versorgungsengpässe und extremes Wüstenklima belastete Afrikafeldzug unter dem »Befehlshaber der Panzergruppe Afrika«, Johannes Erwin Eugen Rommel (1891–1944), sowie das Unternehmen »Barbarossa« in der Sowjetrepublik.

Generalfeldmarschall Rommel mit der 15. Panzerdivision in Afrika. Der gegnerische britische General Sir Wavell über Rommel: «Ich habe gehört, er soll ein stürmischer Kerl sein«.
(Foto: Archivbild)

Letztgenannter Krieg forderte so viele Opfer auf allen Seiten wie nie zuvor ein Krieg; mehr als 50 Millionen. Er geriet zur mörderischsten Schlacht der neuen Geschichte und ließ die Beteiligten und ihre Zivilisten in einem Meer von Blut ertrinken. Entscheidend für den Kriegsausgang waren schließlich die größeren Ressourcen an Mensch und Material der Sowjetunion. Mit der Offensive neu formierter sowjetischer Verbände begann in der Winterschlacht 1941/42 der sich über mehr als drei Jahre hinziehende Rückzug der Wehrmacht nach Westen. Insbesondere der Vorstoß in den Kaukasus hatte zu einer Überforderung der deutschen Truppen und schließlich zur Gefangennahme der 6. Armee im »Kessel von Stalingrad« geführt.

Die geschwächten Verbände der Wehrmacht konnten den Vormarsch der Sowjettruppen schließlich nicht mehr aufhalten. Mit der Sommeroffensive von 1944 gelangte die Rote Armee bis Ende des Jahres an die Reichsgrenze. Nach der Winteroffensive von 1945 erreichte sie Oder und Neiße. Wenige Monate später war das Ende des NS-Regimes besiegelt.

Operationen mit Panzern im Zweiten Weltkrieg

	Zeitraum	Land	Ausgang
Polenfeldzug (Fall Weiß)	01. September – 06. Oktober 1939	Polen und die freie Stadt Danzig	Sieg deutscher Truppen
Unternehmen Weserübung (größte triphibische Operation der damaligen Kriegsgeschichte)	9. April – 10. Juni 1940	Norwegen, Dänemark	Ostsee blieb unter deutscher Kontrolle
Westfeldzug (Fall Gelb)	10. Mai – 25. Juni 1940	Frankreich, BeNeLux	Sieg deutscher Truppen
Afrikafeldzug	09. September 1940 – 13. Mai 1943	Libyen, Ägypten, Tunesien	Sieg der Alliierten
Balkanfeldzug	06.April – 17. April 1941 (01. Juni 1941 Kreta)	Jugoslawien, Griechenland	Sieg deutscher Truppen
Ostfeldzug (Unternehmen Barbarossa)	22. Juni 1941 – 08. Mai 1945	Sowjetunion	Kapitulation der Wehrmacht

Die im Deutschen Reich gefertigten Panzer schrieben Geschichte

Die leichten Kampfpanzer

- Panzerkampfwagen (PzKpfw) I, Sonderkraftfahrzeug (Sd.Kfz.) 101, gefertigt 1934, war einer der kleinsten Panzer, die je gebaut wurden, knapp vier Meter lang und wenig mehr als zwei Meter breit. Der Panzerführer war zugleich Schütze, denn es gab nur zwei Mann Besatzung. Seine Aufgabe wurde zusätzlich erschwert durch die schlechte Sicht aus dem Turm. Um das Geschehen außerhalb des Panzers richtig beurteilen zu können, musste der Panzerführer meistens in der Turmluke aufrecht stehen. Mit dem Oberkörper im Freien wurde er aber zum leichten Ziel für Schützen und MG-Feuer. Handfeuerwaffen konnten dem Panzer selbst nichts anhaben, doch wegen seiner eckigen Konstruktion und der dünnen Panzerung war er empfindlich gegenüber allen Geschützen größeren Kalibers.

Panzerkampfwagen (PzKpfw) I, Sonderkraftfahrzeug (Sd.Kfz.) 101. Panzermuseum Munster.

- Der größere Panzerkampfwagen II, Sd.Kfz. 121, trat 1935 in begrenzter Stückzahl in Erscheinung. Das neue Fahrzeug war beträchtlich stärker gepanzert, bewegte sich aber dank seines 140-PS-Motors nicht langsamer als sein Vorgänger. Der Panzerführer wurde durch ein drittes Besatzungsmitglied entlastet und konnte sich nunmehr voll auf die Führung konzentrieren. Auch die Bewaffnung verbesserte sich. Eines der MGs wurde durch eine 20-Millimeter-Kanone ersetzt. Diese konnte jedoch mit einer Reichweite von lediglich rund 600 Metern und ihrer begrenzten Durchschlagskraft gegen schwere Panzer nur wenig ausrichten. Dennoch waren die Besatzungen mit diesem Typ zufrieden. Technisch sei der Panzer II gut gewesen, berichteten ehemalige Panzerbesatzungsmitglieder, nur die Lenkung wurde bemängelt. Mit der Knüppellenkung benötigten sie im Gelände eine »Riesenkraft«, um den Panzer in die richtige Richtung zu bekommen. Die Fünfradaufhängung des PzKpfw II war ein spürbarer Fortschritt gegenüber dem Außenträgersystem des Vorgängers. Jedes Rad besaß eine Elliptikfederung, welche für einen erheblich besseren Fahrkomfort sorgte.

PzKpfw II, Sd.Kfz. 121. Musée des Blindés, Saumur/ Frankreich.

Die mittleren Kampfpanzer

● Der Panzerkampfwagen III, Sd.Kfz.141, wurde zusammen mit dem PzKpfw IV am 27. September 1939 offiziell zur Standardausrüstung erklärt. Das F-Modell bot Platz für eine fünfköpfige Besatzung und war im Vergleich zu den Vorgängermodellen sehr geräumig. Der Turm des Panzerkampfwagens III besaß keinen Turmboden. Fahrer und Funker saßen beide im Rumpf, während der Panzerführer sowie der Richt- und der Ladeschütze im Turm untergebracht waren. Die Sitze für den Panzerführer und den Richtschützen waren an der Turmwand befestigt. Der rechts neben der Hauptwaffe stehende Ladeschütze musste der Turmbewegung ständig folgen. Den Turm schwenkte der Richtschütze per Hand, wobei die Kanone über einen am Schwenktrieb befindlichen Abzug elektrisch abgefeuert wurde. Das achsparallele Maschinengewehr wurde mechanisch mit einem Pedal bedient. Die Sichtverhältnisse wurden als optimal beschrieben. Für den Panzerführer gab es fünf Sehschlitze, die in gleichen Abständen um den Rand der Turmkuppel ringsum aufgereiht waren. Doch gab es auch ernst zu nehmende Mängel. Die Panzerung lieferte auch hier ein viel zu dünnes Korsett, und die 3,7-Zentimeter-Hauptkanone konnte die Wände feindlicher Panzer nicht durchschießen. Guderian hatte das vorausgesehen, denn er und seine Inspektion hatten von Anfang an die durchschlagskräftigere 5,0-Zentimeter-Kampfwagenkanone gefordert. Zumindest erreichte Guderian, dass der Turmdrehkranz groß genug gehalten wurde, um den nachträglichen Einbau einer stärkeren Kanone zu ermöglichen, der dann später auch erfolgte. Ebenfalls später gab es zusätzlich aufschraubbare Panzerungen, wodurch sich die Besatzungen deutlich

PzKpfw III, Sd.Kfz. 141. Panzermuseum Munster.

sicherer fühlten und mutiger mit dem Waffensystem agierten. Der PzKpfw III beherrschte die anfänglichen Panzerschlachten, und in den ersten drei Kriegsjahren spielte er bei jedem deutschen Sieg eine entscheidende Rolle.

- Der meistgebaute deutsche Panzer des Zweiten Weltkriegs war der PzKpfw IV, Sd.Kfz. 161, dessen Entwicklung 1934 unter der Bezeichnung »Bataillonsführerwagen« (BW) begann und der ursprünglich als Unterstützungsfahrzeug für den PzKpfw III gedacht war, dessen Anforderungsprofil er abgesehen von der Hauptwaffe (75-Millimeter-Kanone) glich. Sein Einsatzspektrum änderte sich jedoch grundlegend mit dem Einbau einer langen Kanone. Obwohl er nicht den Bekanntheitsgrad eines Panthers oder Tigers erreichte, war er in der zweiten Kriegshälfte der wichtigste deutsche Panzer. Darüber hinaus diente das Fahrgestell als Basis für zahlreiche Waffenträger (zwischen 1936 und 1945 wurden über 14.000 Kettenfahrzeuge auf Basis des PzKpfw IV gebaut). Als einziger deutscher Panzerkampfwagen besaß der PzKpfw IV ein elektrisch angetriebenes Turmschwenkwerk, das über einen Druckschalter am Handrad gesteuert wurde. Die Energie lieferte ein Stromerzeugungsaggregat mit einem 15 PS starken Zweizylinder-Zweitaktmotor, sodass in einer ausgebauten Stellung der Hauptmotor nicht mitlaufen musste. Der PzKpfw IV war von Kriegsbeginn an bis zur Kapitulation am 08. Mai 1945 ununterbrochen im Einsatz.

PzKpfw IV, Sd.Kfz. 161. Panzermuseum Munster.

Die schweren Kampfpanzer

- Am 22. Juni 1941 begann die Wehrmacht mit dem Überfall auf die Sowjetunion, in der sich die gebräuchlichen mittleren Standard-Panzer III und IV nur schwer behaupten konnten. Der Panzerkampfwagen V Panther, Sd.Kfz. 171, wurde nach dem Schock des Auftretens des sowjetischen Panzers T-34 entwickelt, gegen den die PzKpfw III und IV mit ihren kleinkalibrigen, kurzen Hauptwaffen nur auf gefährlich nahe Distanzen eine Chance beim Abschuss hatten. In Sachen Leistung, Federung und Dämpfung gilt der PzKpfw V Panther als Vorreiter späterer Panzer nach dem Zweiten Weltkrieg und als der erste moderne deutsche Panzer. Er wurde in seiner Ausführung G auch von den Alliierten nach Kriegsende als »bester mittlerer Kampfwagen« aller Konfliktparteien bewertet.

PzKpfw V »Panther«, Sd.Kfz. 171. Rechts oben im Bild: Der Fahrerraum. Panzermuseum Munster.

- Eine bekannte Variante des Panthers war der Jagdpanzer V Jagdpanther (Sd.Kfz. 173), der leistungsfähigste Jagdpanzer des Zweiten Weltkrieges. Dem Chassis des eigentlichen Kampfpanzers wurde der Turm abgenommen und in einem kastenförmigen Aufbau die massive 8,8-cm-Kanone PaK 43 L/71 eingebaut. Eine weitere unverzichtbare Variante war der Bergepanther, ein Panther-Chassis mit offenem Aufbau, der eine massive Winde sowie einen Kran beherbergte. Nur mit diesem Fahrzeug war die Bergung liegengebliebener Panther und Tiger möglich.
  Natürlich hatte der Panther, wie seine Vorgänger auch, Schwachstellen: Eine ungenügende Leistung der hydrostatischen Turmschwenkanlage (der Turm konnte bei stärkerer Schräglage des Panzers nur noch mit dem Handantrieb gedreht werden) sowie seine schwache seitliche Panzerung, weswegen er nach Möglichkeit im Verband mit anderen Panzertypen eingesetzt wurde. Ebenso sorgte sein kompliziertes Schachtellaufwerk für Ausfälle, wenn der zähe Schlamm in der Sowjetunion sich zwischen die Laufräder setzte und über Nacht einfror. Nach Kriegsende wurde der Panther noch einige Jahre von Bataillonen der französischen Armee eingesetzt und diente auch als Grundlage für den Standardpanzer Leopard I der Bundeswehr und den AMX-30 der französischen Armee.

Jagdpanzer V »Jagdpanther« (Sd.Kfz. 173), der leistungsfähigste Jagdpanzer des Zweiten Weltkrieges. Panzermuseum Munster.

- Der PzKpfw VI Tiger I, Sd.Kfz. 181, war dank seiner starken Hauptwaffe (8,8-cm-KwK 36 L/56), die eine hohe Treffergenauigkeit aufwies, und seines hohen Panzerschutzes einer der kampfstärksten Panzer des Zweiten Weltkrieges. Wie die meisten deutschen Panzer wurde der Tiger in qualitativ hochwertiger Arbeit fabriziert, sodass in Kombination mit seiner komplizierten Konstruktion eine rationelle Massenfertigung nicht möglich war. Erstmals bei einem deutschen Panzer erfolgte die Steuerung durch ein Lenkrad. Es kam ein öldruckbetätigtes Zweiradien-Überlagerungslenkgetriebe von Henschel zum Einbau, das je nach Lenkradeinschlag die Ketten verzögerte, sodass in jedem Gang eine Kurvenfahrt in zwei bestimmten Radien möglich war, ebenso ein Wenden auf der Stelle. Bei einem Lenkgetriebedefekt konnte der Fahrer das Fahrzeug noch mit zwei Behelfslenkhebeln steuern, die auf die Betriebsbremse wirkten, welche weltweit erstmals für ein serienmäßig hergestelltes Kraftfahrzeug mit Scheibenbremsen versehen war und deren Betätigung mechanisch per Pedal erfolgte.

Die Tiger kamen nicht in den Bestand einer regulären Panzerdivision, sondern wurden den speziell dafür aufgestellten schweren Panzerabteilungen zugeordnet. Die Hauptaufgabe des Tigers lag in der Bekämpfung gegnerischer Panzer. Diese wurden im Gefecht auf eine Entfernung von bis zu 1200 Metern direkt angerichtet, bei Entfernungen darüber wurde eingegabelt (eingeschossen). Die reguläre Kampfentfernung lag bei 2000 Metern; bei optimalen Verhältnissen konnte ein stehendes Ziel auch bis 3000 Meter bekämpft werden.

Mit dem Tiger kam auch eine neue Taktik: der Panzerkeil. Bei dieser Panzerformation bildeten schwere Panzer vom Typ Tiger die Spitze eines Keils und Panzer vom Typ Panther dessen Flanken. Die schwächeren Panzertypen III und IV wurden in der Mitte platziert. Der Panzerkeil sollte wie eine Speerspitze wirken.

PzKpfw VI Tiger I, Sd.Kfz. 181. Musée des Blindés, Saumur/Frankreich.

- Der Panzerkampfwagen (PzKpfw) VI Tiger II / Ausführung B (Sd.Kfz. 182) galt als der Höhepunkt der Panzerentwicklung im Deutschen Reich und wurde von westalliierten Soldaten inoffiziell als »Königstiger« bezeichnet, was in ihrer Sprache »King Tiger« oder »Royal Tiger« hieß. Mit seiner 8,8-cm-KwK 43 L/71 besaß er eine der besten Panzerkanonen seiner Zeit, die ihm zu gewaltiger Feuerkraft verhalf. Alle feindlichen Panzer konnten frontal auf Entfernungen von 1000 bis 3000 Meter zerstört werden. Es gibt Berichte über Abschüsse von T-34 bei einer Kampfentfernung von etwa 4000 Metern. Seine Schwächen waren der extrem hohe Kraftstoffverbrauch, die geringe Geschwindigkeit, die mangelnde Turmbeweglichkeit bei Schrägstand und die ungenügende Motorisierung und Kühlung sowie ein für das Gewicht zu schwaches Getriebe und Fahrwerk.
Der Tiger II wurde im Januar 1943 offiziell bestellt, der Prototyp im Oktober desselben Jahres geliefert.

PzKpfw VI Tiger II »Königstiger«, Sd.Kfz. 182. Panzermuseum Munster.

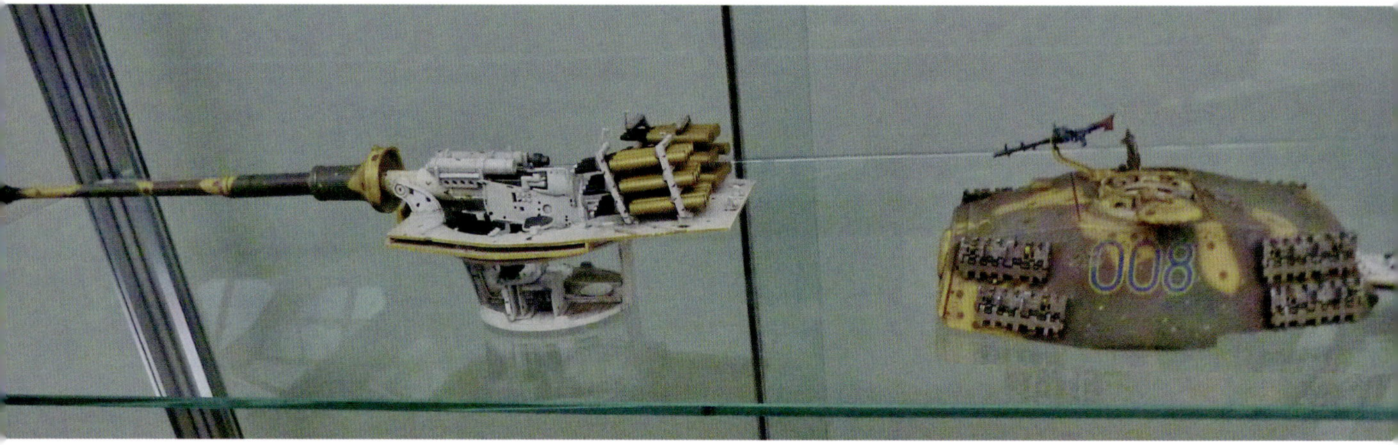

Das Innenleben des »Königstigers«.

- Der Panzerkampfwagen (PzKpfw) VIII Maus (ohne Sd.Kfz. Nummer) war ein Zeugnis von Gigantomanie und nationalsozialistischem Größenwahn. Aus Gründen der Tarnung wurde der dem Projekt zugedachte Name »Mammut« verworfen und in »Maus« abgeändert. Dieses Fahrzeug glich mehr einem rollenden Bunker als einem Panzer, und die Vorstellung, ihn im Bewegungskrieg wirkungsvoll einsetzen zu können, entbehrte jeder Grundlage. Im Rückzugsfall hätte keine Möglichkeit zum schnellen Abtransport bestanden. PzKpfw Maus hätte zurückgelassen, aufgegeben und gesprengt werden müssen. Im Angriffsfall hätte der PzKpfw bei schnellen Vorstößen nicht mithalten können. Sicher hätte der PzKpfw Maus den Gegner durch Feuerkraft und Panzerung vor ein massives Problem gestellt, doch dieser hätte den PzKpfw Maus umgehen oder ausmanövrieren können, weshalb der Einsatz von Begleitpanzern erwogen wurde. Der gigantische Treibstoffbedarf stellte ein weiteres Problem dar, da es in hohem Maße gerade daran mangelte. Des Weiteren passte diese rollende Festung nur auf einen speziellen 14-achsigen Eisenbahntransportwagen und konnte weder Tunnel noch Eisenbahnbrücken passieren.
Maus 205/1 wurde in leicht beschädigtem Zustand von der Roten Armee erbeutet, die den Turm von Maus 205/2 (wurde von der Wehrmacht beim Herannahen sowjetischer Truppen gesprengt) auf die Wanne von 205/1 setzte und das Fahrzeug 1945/46 zu Testzwecken nach Kubinka schickte. Nachdem das Fahrzeug jahrelang im Freien stand, ist es seit 1978 im Panzermuseum Kubinka ausgestellt. Im Jahr 2000 wurde das Fahrzeug mit dem ursprünglichen Tarnanstrich des Prototyps 205/2 versehen.

PzKpfw VIII Maus (ohne Sd.Kfz. Nummer) war ein Zeugnis von Gigantomanie. Panzermuseum Munster.

Kampfpanzertypen des Zweiten Weltkriegs

Typ	Hersteller	Bauzeit	Besatzung	Abmess-ungen	Bewaffnung	Panzerung	Gefechts-gewicht
Panzerkampf-wagen I	Krupp, Daimler-Benz, Henschel, MAN, Wegmann	1934–1937	2 Mann	L: 4,02 m, B: 2,06 m, H:1,72 m	2 MG	6–13 mm	5400 kg
Panzerkampf-wagen II	Krupp, Henschel, Famo, MAN, Wegmann	1935–1942	3 Mann	L: 4,81 m, B: 2,22 m, H: 1,99 m	2-cm-KwK 30, 1 MG	5–15 mm	10.000 kg
Panzer 35(t) (tsch. Beute-panzer)	Skoda, CKD	1935–1938	4 Mann	L: 4,90 m, B: 2,16 m, H: 2,21 m	3,72-cm-KwK 35 (t) L/40, 2 MG	15–25 mm	10.670 kg
Panzer 38(t) (tsch. Beute-panzer)	CKD	1939–1942	4 Mann	L: 4,61 m, B: 2,12 m, H: 2,40 m	3,72-cm-KwK 38 (t) L/47,8, 2 MG	15–25 mm	9700 kg
Panzerkampf-wagen III	Daimler-Benz, Alkett, Famo, Henschel, MAN	1936–1943	5 Mann	L: 5,52 m, B: 2,95 m, H: 2,50 m	5-cm-KwK L/42, 2 MG	30–60 mm	21.600 kg
Panzerkampf-wagen IV	Krupp AG	1937–1945	5 Mann	L: 5,92 m, B: 2,84 m, H: 2,68 m	7,5-cm-KwK L/24, 2 MG	30–80 mm	21.000 kg
Panzerkampf-wagen V Panther	Daimler-Benz, MAN, MNH	1943–1945	5 Mann	L: 8,86 m, B: 3,43 m, H: 2,95–3,10 m	7,5-cm-KwK 42 L/70, 2 MG	15–120 mm	45.500 kg
Panzerkampf-wagen VI Tiger I	Henschel	1942–1944	5 Mann	L: 8,45 m, B: 3,54 m, H: 3 m	8,8-cm-KwK 36 L/56, 2 MG	25–110 mm	57.000 kg
Panzerkampf-wagen VI Tiger II (Königstiger)	Henschel, Wegmann	1944–1945	5 Mann	L: 10,28 m, B: 3,75 m, H: 3,09 m	8,8-cm-KwK 43 L/71, 2 MG, 1 Fla-MG Turmdach	25–185 mm	69.700 kg

Geschwindigkeit	Fahrbereich Straße/ Gelände	Motor	Watfähigkeit	Stückzahl gesamt	Abarten
37 km/h	145/100 km	Krupp 4-Zylinder-Ottomotor, 5 VG / 1 RG		1563	Kleiner Panzerbefehlswagen, PzKpfW I (A) Munitionsschlepper, Panzerjäger I, Geschützwagen I, Flakpanzer I
40 km/h	200/130 km	Maybach 6-Zylinder-Ottomotor, 6 VG / 1 RG		1911	Panzerjäger Marder II, Geschützwagen II, Panzerhaubitze Wespe, Flammpanzer II Flamingo
35 km/h	190/115 km	Skoda 4-Zylinder-Benzinmotor, 6 VG / 6 RG	0,80 m	202	
42 km/h	250/160 km	Praga 4-Zylinder-Ottomotor, 5 VG / 5 RG	0,80 m	1411	Marder III, Jagdpanzer 38(t), Bergepanzer 38(t), erster Flakpanzer, Sturmpanzer 38(t) (Panzerhaubitze Grille)
40 km/h	175/100 km	Maybach V12-Zylinder-Ottomotor, 6 VG / 1 RG	0,80 m	6260	Sturmgeschütz III, Panzerbefehlswagen, Panzerbeobachtungswagen, Tauchpanzer, Flammpanzer III, Bergepanzer III, Schlepper III, Sturm-Infanteriegeschütz 33
40 km/h	200/130 km	Maybach V12-Zylinder-Ottomotor, 6 VG / 1 RG	1 m	8254	Tauchpanzer IV, Panzerbefehlswagen IV, Panzerbeobachtungswagen IV, Sturmpanzer IV, Sturmgeschütz IV, Jagdpanzer IV, Panzerjäger Nashorn, Panzerhaubitze Hummel, Flakpanzer IV, Brückenlegepanzer IV, Munitionsträger für Mörser »Karl«, Bergepanzer IV, Panzerfähre, Prototypen: Panzerjäger 10,5 cm K18 auf Selbstfahrlafette, Panzerhaubitze GW IVb, Panzerhaubitze Heuschrecke
46 km/h	170/85 km	Maybach V12-Zylinder-Ottomotor, 7 VG / 1 RG	1,70 m	5976	Panzerbefehlswagen Panther, Jagdpanther, Bergepanther
38 km/h	100/60 km	Maybach V12-Zylinder-Ottomotor, 7 VG / 1 RG	1,60 m	1354	Panzerbefehlswagen Tiger, Sturmpanzer VI (Sturmtiger), Bergetiger
38 km/h	170/120 km	Maybach V12-Zylinder-Ottomotor, 8 VG / 1 RG	1,60 m	489	

Kampfpanzer-Prototypen und Kampfpanzer-Entwürfe

Name	Stückzahl gesamt
PzKpfw V Panther II (Prototyp)	1 Prototyp
PzKpfw VII Löwe	Entwurf
PzKpfw VIII Maus (Prototyp)	11 Prototypen, nur 2 komplett, 1 ohne Turm
PzKpfw E-50	Entwurf
PzKpfw E-75	Entwurf
PzKpfw E-100 (Prototyp)	1 Prototyp (nur Wanne ohne Turm)

Erinnerungen eines Zeitzeugen: Funker Armin Böttger

Was der Tag wohl bringen mag? Skeptisch blickt Funker Armin 1943 aus seiner Luke des PzKpfw IV.
(Foto: Mit freundlicher Genehmigung von Prof. Dr. med. dent. Hermann »Armin« Böttger)

Wer mit ihm spricht, kann kaum glauben, dass er das, was die meisten nur aus Geschichtsbüchern kennen, selbst erlebt hat. Jugendlich und frisch wirkt der 87-Jährige beim Erzählen, als sei er gerade erst heimgekehrt als Panzermann aus dem letzten deutschen Krieg, der für ihn zur Brandhölle wurde.
Den Grund für seine Freiwilligenmeldung, damals als 17-Jähriger, gibt der spätere Professor der Zahnmedizin in seinem Buch »Im Panzer – Ich habe überlebt« unumwunden gradlinig zu: die Schulleistungen ließen wohl beim bevorstehenden Abitur einige Schwierigkeiten erwarten. Er nutzte die Möglichkeit, als Schüler der letzten Gymnasialklasse bei Eintritt in die Wehrmacht das Abitur ohne Prüfung zu erhalten.
Was ihn als Obergefreiten Böttger hervorstechen lässt, ist seine Fotografierleidenschaft und ein Fotoapparat, den er, wann immer es ging, um den Hals trug. Manchmal versorgten ihn hübsche Mädchen wie eine Anita vom Fotogeschäft mit Schwarz-Weiß- (RM 2,-) und Farb-Umkehrfilmen (RM 3,50), die im Ergebnis außergewöhnliche Einblicke in ein Leben mit dem Krieg eröffnen; Fotos, auf denen junge Menschen zu sehen sind, die wie in Echtzeit wirken, als könnten sie ohne Weiteres dem Bild entsteigen.

Auch das gehörte zum Krieg: Flirten. Ob in Odessa, ...
(Fotos: Mit freundlicher Genehmigung von Prof. Dr. med. dent. Hermann »Armin« Böttger)

... am Strand von Viareggio kurz vor dem Russlandfeldzug
... (Fotos: Mit freundlicher Genehmigung von Prof. Dr. med. dent. Hermann »Armin« Böttger)

... oder im Lazarett Mauer Öhling.
(Fotos: Mit freundlicher Genehmigung von Prof. Dr. med. dent. Hermann »Armin« Böttger)

Armin, der eigentlich Herrmann heißt und nur wegen Namensgleichheit eines Kameraden zur Unterscheidung damals mit diesem Vornamen gerufen wurde, war Funker in einem Panzer der 12. Schwadron, Panzerregiment 24 der 24. Panzerdivision. Der mörderische Krieg führte ihn mit seiner Schwadron quer durch Europa von Frankreich bis Russland. Er hat lange geschwiegen, wie so viele, die damals von der Politik instrumentalisiert worden waren und zunächst geglaubt hatten, eine Pflicht zu erfüllen, bis das erlebte Grauen ihnen die Augen öffnete und sie schließlich nach langen Jahren verstummt aus der Gefangenschaft zurückkehrten. Doch irgendwann kam für »Armin« der Tag, an dem alles in ihm wieder aufbrach: Er begann, Bücher zu schreiben, in denen er seine Erlebnisse verarbeitete. Auch Armin hatte die oben bereits erwähnte Panzertruppenschule in Wünsdorf besucht:
»Bei einem kurzfristigen Fahrerkurs in Wünsdorf übte ich mit einer Gruppe von Fahrern in einem recht hügeligen Gelände. Da der Fahrer mit seinen Lenkknüppeln die rechte und linke Kette einzeln oder gemeinsam bewegen, entkuppeln oder abbremsen konnte, fuhr der Panzer je nach Betätigung der Lenkknüppel in unterschiedliche Richtungen. Um eine Zick-Zack-Fahrt zu vermeiden, musste der Fahrer sehr feinfühlig steuern. Mit großem Vergnügen fuhr ich einen Panzer IV vom Truppenübungsplatz Neuhammer auf einer abwärts geneigten Autobahn mit einer Geschwindigkeit von 82 Kilometern pro Stunde. Diese ganz ungewöhnliche Geschwindigkeit mit rasselnden Ketten vermittelte einen besonderen Geschwindigkeitsrausch.«
Doch dass das alles kein Spiel war, erfuhr Armin, der noch ein Teenager war, schmerzlich im Kriegseinsatz, als der Befehl wieder einmal »Panzer Marsch« lautete. Mit vier Panzern und sieben Sturmgeschützen in zwei Schwadronen gegliedert (1 Schwadron = 22 Panzer) sollten er und seine Kameraden die Rollbahn bei Milec freikämpfen. Sehr starkes Artilleriefeuer aus nächster Nähe verriet ihnen unüberhörbar schwerste Kampfhandlungen. *»Ich hatte noch die Hand am MG, als mit ohrenbetäubendem Krach und Feuerblitzen der erste Treffer im Turm einschlug. Der Fahrer versuchte, im Rückwärtsgang und in schneller Zick-Zack-Fahrt aus dem Trefferbereich zu gelangen, aber so schnell der Panzer auch fuhr, er lief nicht schnell genug. Die russische PAK traf und traf, und nach mehreren Treffern im Turm war der Panzer schließlich manövrierunfähig. Im Kontrast zu dem Donner der eingeschlagenen Granaten empfand ich nach dem Verstummen des Motorengeräuschs plötzlich eine gar nicht vorhandene Stille. Mein Blick ging zur Fahrerseite und machte mich für einen Augenblick ziemlich mutlos, denn der Platz war leer, und die Luke darüber stand offen. ›Du musst raus!‹, war der nächste Gedanke. Ich wollte meine Luke öffnen, aber sie klemmte und ging einfach nicht auf. Die Funkerluke, wie auch die des Fahrers, besaß für den Fall, dass sie sich nicht öffnen ließ, eine sinnvolle Konstruktion. Ihre Scharniergelenke saßen nicht fest am Panzer, sondern steckten mit Bolzen in Bohrungen. Von der Innenseite wurden die Bolzen und damit die Scharniere mit einer Metallschiene und Feststellschraube gehalten. Obwohl ich die Schraube und damit die Schiene lösen konnte, um die Luke schließlich seitlich wegzuschieben, klemmte die Luke durch die erhaltenen Treffer und ließ sich nicht einen Millimeter bewegen. Hinter mir hatte sich die Dunkelheit des Turminneren in ein gleißendes Feuer verwandelt. Einen Moment dachte ich daran, im Panzer verbrennen zu müssen, und wieder überkam mich Todesangst. Jetzt stemmte ich, mit dem Rücken auf meinem Sitz liegend, mit aller Gewalt meine Füße nach oben gegen die Luke. ›Die muss doch endlich aufgehen‹, dachte ich,*

aber auch jetzt bewegte sie sich nicht. Der folgende Gedanke und seine Ausführung liefen blitzschnell und fast synchron. ›Du musst durch den brennenden Turm!‹ In diesem Moment stand die Kanone auf zwölf Uhr, das heißt, sie stand gerade. Dies war das größte Glück meines Lebens. Bei einer Elf-Uhr-Position hätte das mächtige Metallgestell des Granatabweisers den Weg zum Turm versperrt. Da ich wegen der Aufhängevorrichtung der Funkgeräte mit dem Sender und den beiden Empfängern auch nicht zur Fahrerseite wechseln konnte, hätte ich im Panzer verbrennen müssen. Ich spürte beim Sprung durch den brennenden Turm sofort die Hitze des Feuers im Gesicht, an den Händen und Armen. Während der heißen Angriffstage hatten wir die Hemdsärmel aufgekrempelt, und so verrutschten die Ärmel der Drillichjacke über dem Hemd bei dem Griff nach oben zur Luke des Ladeschützen. Jetzt waren die Unterarme entblößt. Aber dieser Sprung durch den brennenden Turm rettete mein Leben, wenngleich er mir Verbrennungen ersten und zweiten Grades im Gesicht, an Händen und Armen einbrachte.

Mein Kopf befand sich bereits außerhalb der Luke im Freien, als ich an einem Ruck am Hals spürte, dass mich mein Panzer noch nicht frei geben wollte. Ich war mit den Strippen von Kopfhörer und Kehlkopfmikrophon immer noch mit meinem Funkerplatz verbunden. Jetzt befreite ich mich mit einer Hechtrolle endgültig aus der Turmluke und landete wie ein abgeworfener Sack neben dem Panzer; der Kopfhörer war weggeflogen und die Schnur zum Mikrophon abgerissen. Anstelle der Pistole um den Hals trug ich immer meinen Fotoapparat. Er war bei dem Sprung vom Panzer am Hals geblieben, während meine Pistole in meinem Notgepäck neben dem Sitz im Panzer verbrannte. In der Eile hatte ich nicht mehr an meine Nottasche gedacht. Im Freien fiel mein Blick gleich auf meine Armbanduhr. Sie zeigte genau sechs Uhr morgens. Dann robbte ich, so schnell ich konnte, in der Spur der Panzerketten, die sich im Boden eingeprägt hatten. Ich bewegte mich in völliger Widerstandslosigkeit nach rückwärts mit dem Ziel, nur herauszukommen aus dem Inferno, zudem waffenlos! Unter einer niederdrückenden Verlassenheit, weit und breit ohne Kameraden, allein auf dem Schlachtfeld, suchte der abgeschossene Panzerfunker voll Todesangst und mit nachlassender Kraft seinen Fluchtweg.

Dass der Krieg grausame Züge hatte, erfuhr Armin an sich selbst und seiner Panzerbesatzung. Von li. nach re.: Ladeschütze, Funker Armin, Kommandant, Richtschütze und Fahrer. Kommandant und Fahrer sind im Krieg gefallen. *(Foto: Mit freundlicher Genehmigung von Prof. Dr. med. dent. Hermann »Armin« Böttger)*

Der Krieg hinterlässt Spuren (Nachtgefecht). *(Foto: Mit freundlicher Genehmigung von Prof. Dr. med. dent. Hermann »Armin« Böttger)*

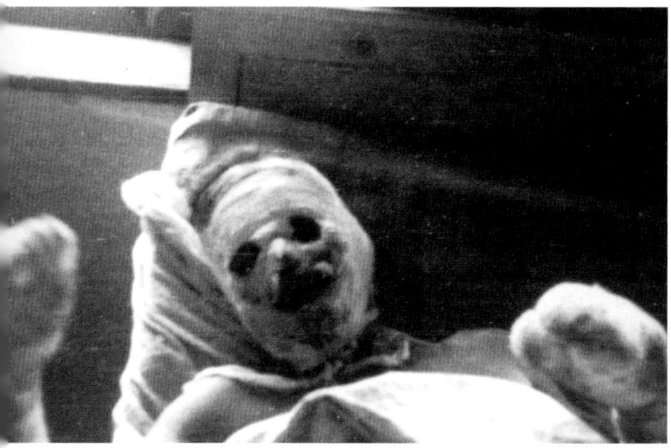

Beim Abschuss seines Panzers im August 1944 wird Armin in Ostpreußen verwundet und kommt mit schweren Verbrennungen in das Feldlazarett Tarnow. *(Foto: Mit freundlicher Genehmigung von Prof. Dr. med. dent. Hermann »Armin« Böttger)*

Beim Anblick dieser vernichteten Panzer wurde mir klar, dass das wohl das Ende war, dass dies mein Waterloo bedeutete. Ich lag jetzt genauso geschlagen und verwundet auf dem Schlachtfeld wie jene besiegten Franzosen nach der letzten Schlacht Napoleons und wie schon vor und nach ihnen unzählige Soldaten in den Schlachten der Geschichte. Wo war jetzt mein Napoleon? Vermutlich irgendwo in einem sicheren Bunker, um Krieg auf der Landkarte zu spielen. Der Landser aber lag geschlagen und ganz verlassen auf dem Schlachtfeld, während der Kampf unentwegt weitertobte«.

Armin überlebt, kehrt heim und schweigt. Bis bei ihm – zu diesem Zeitpunkt ist er längst pensioniert – bei einer Talkshow, die er am Fernseher verfolgte und in der über die Zeit von damals debattiert wurde, der Knoten platzt. Keiner der Talkgäste hatte das Thema selbst durchlebt, er aber schon. Das war für Armin wie ein Befreiungsschlag, und er begann, seine Foto- und Textdokumentationen zu veröffentlichen.

Heute ist der pensionierte Dentalmediziner Offizier ehrenhalber, versehen mit dem italienischen Verdienstorden und dem Titel »Commendatore«.

NVA: 7. und 9. Panzerdivision

Der Panzer wurde in der ehemaligen Deutschen Demokratischen Republik (DDR) schon im Liedgut von Vorschulkindern besungen. Seine Kampfkraft symbolisierte Stärke gegenüber dem Klassenfeind aus kapitalistischen Staaten. Die Melodie eines von Kindern gesungenen orchestral begleiteten Liedes mit Ohrwurmcharakter klingt so beruhigend, dass es glatt als Gute-Nacht-Lied durchgehen könnte, gäbe es da nicht diesen ungewöhnlichen Textinhalt:

Kinderlied aus der NVA-Ära

»Wenn ich groß bin, gehe ich zur Volksarmee.
Ich fahre einen Panzer –
rattata rattata rattatatata.
Ich steige in ein Flugzeug –
huisisit huisisit huisihuisisit.
Ich baue große Brücken –
romtomtom romtomtom romtomtomtomtom.
Ich werd ein flinker Funker –
dadidit dadidit dadidadidit
Ich lade die Kanone –
rumbummbumm rumbummbumm
rumbummbummbummbumm.«

Die propagandistische Früherziehung im realsozialistischen System wurde schon den Kleinsten in sanften Infusionen zuteil, mit der Uniformierung der Gesellschaft bereits in der Grundschule begonnen. Mit verschmitztem Lächeln kramen jene Kinder von damals ihre Zeichenmappe aus der Kinderkrippe hervor, auf denen sich der eiserne Koloss harmlos in Buntstiftfarben wiederfindet.
»Pädagogen aller Couleur würden heute Sturm laufen. Doch damals gehörte der Panzer für uns zum Alltag; es gab sogar einen Kinderpanzer«, berichtet ein heute 30-jähriger ehemaliger Jungpionier. Die Kinderpanzer für Acht- bis Zwölfjährige standen, ausgestattet mit Trabi-Motoren, in Pionier- und Sommerlagern zum Fahren bereit.
Trotz der gravierenden ideologischen und politischen Unterschiede zwischen den beiden deutschen Staaten gelang nach dem Fall der Mauer am 9. November 1989 eine in der Militärgeschichte wohl einzigartige friedliche Integration ehemaliger Soldaten der »Nationalen Volksarmee« (NVA) in die Bundeswehr.
Führende Köpfe der am 7. Oktober 1949 gegründeten DDR beschäftigten sich schon früh mit dem Gedanken, die Panzermänner aus dem Osten des Nachkriegs-Deutschlands wiederzubeleben. Bereits nach Aufstellung der »Kasernierten Volkspolizei« (KVP) am 1. Juli 1952, dem Vorläufer der NVA, gab es seitens der Sowjetunion maßgebliche Forderungen an die DDR, Panzerdivisionen aufzustellen. Vier Jahre später, im September 1956, stand die 7. Panzerdivision mit 12.750 Soldaten für den Kriegsfall und 9139 Soldaten im Friedensbetrieb bereit. Mit der 9. Panzerdivision wurden 12.369 Mann für den Kriegsfall und 8750 Mann im Friedensbetrieb aufgestellt. Die 7. entsprang aus der »Mechanisierten Volkspolizeibereitschaft Dresden« des Militärbezirk III, die 9. aus der »Mechanisierten Volkspolizeibereitschaft Eggesin« des Militärbezirk V. Ihre Gliederung ähnelte zu großen Teilen sowjetischen Panzerdivisionen, jedoch ohne Kampfhubschrauber und mit verkleinerten Mot-Schützen-Verbänden.

7. Panzerdivision

Die 7. Panzerdivision der NVA setzte sich wie folgt zusammen:

- Artillerieregiment 7 »Albert Hößler«, ab 1963, Frankenberg
- Aufklärungsbataillon 7 »Ludvík Svoboda«, ab 1963, Dresden
- Bataillon Chemische Abwehr 7 »Johann Eggert«, ab 1961, Pirna
- Fla-Raketen-Regiment 7 »Paul Rockstroh«, ab 1982, Zeithain
- Flak-Abteilung 7, bis 1974, Döbeln
- Flak-Regiment 7, bis 1981, Döbeln
- Führungsbatterie Chef Raketen/Artillerie 7, Dresden
- Führungsbatterie Chef Truppenluftabwehr 7, Dresden

- Geschosswerferabteilung 7 »Ernst Schneller«, ab 1973, Frankenberg
- Instandsetzungsbataillon 7 »Gustav Schneider«, ab 1971, Spremberg
- Artilleriewerkstatt 7, bis 1971, Dresden
- Kraftfahrzeugwerkstatt 7, bis 1971, Dresden
- Panzerwerkstatt 7, bis 1971, Spremberg
- Kraftfahrzeugschule 7, bis 1958, Frankenberg
- Lehrbataillon 7, bis 1958 Spremberg, bis 1961 Löbau
- Bataillon Materielle Sicherstellung 7 »Kurt Schlosser«, ab 1981, Dresden
- Divisionslager 7, bis 1981, Dresden
- Feldbäckereikompanie 7, bis 1981, Dresden
- Transportbataillon 7, bis 1981, Dresden
- Mot.-Schützenregiment 7 »Max Roscher«, ab 1972, Marienberg
- Nachrichtenbataillon 7 »Egon Dreger«, Dresden
- Panzerregiment 14 »Karol Swierczewski«, Spremberg
- Panzerregiment 15 »Paul Hornick«, ab 1958, Cottbus
- Panzerregiment 16 »Leo Jogiches«, Großenhain
- Pionierbataillon 7 »Arthur Thiermann«, ab 1956 Pirna
- Raketenabteilung 7 »Alfred Kurella«, ab 1963 Zeithain
- Sanitätsbataillon 7, Dresden
- Stabskompanie 7, Dresden

9. Panzerdivision

Die 9. Panzerdivision der NVA setzte sich wie folgt zusammen:

- Panzerregiment 21 »Walter Empacher«, Spechtberg (Torgelow)
- Panzerregiment 22 »Soja Kosmodemjanskaja«, Spechtberg
- Panzerregiment 23 »Julian Marchlewski«, Stallberg (Torgelow)
- Mot.-Schützenregiment 9 »Rudolf Renner«, Drögeheide (Torgelow)
- Artillerieregiment 9 »Hans Fischer«, Karpin
- Führungsbatterie Chef Raketen/Artillerie 9
- Fla-Raketen-Regiment 9 »Rudolf Dölling«, Karpin
- Führungsbatterie Chef Truppenluftabwehr 9
- Raketenabteilung 9 »Otto Nuschke«, Spechtberg
- Geschosswerferabteilung 9 »Friedrich Ebert«, Karpin
- Aufklärungsbataillon 9 »Eduard Claudius«, Drögeheide (Torgelow)
- Pionierbataillon 9, Karpin
- Nachrichtenbataillon 9 »Adolf Bytzeck«, Eggesin
- Bataillon Materielle Sicherstellung 9 »Robert Stamm«, Drögeheide
- Instandsetzungsbataillon 9 »Paul Dessau«, Drögeheide
- Bataillon Chemische Abwehr 9 »Michael Niederkirchner«, Karpin

Einsatz der 7. Panzerdivision

Um einen Sozialismus mit »menschlichem Antlitz« zu schaffen, begann die tschechoslowakische kommunistische Partei auf Druck der Bevölkerung unter Generalsekretär Alexander Dubček ein Liberalisierungs- und Demokratisierungsprogramm durchzusetzen (Prager Frühling, Frühjahr 1968). Der Warschauer Pakt reagierte. Als sich die Lage zuspitzte, stimmte Walter Ulbricht (erster Sekretär des Zentralkomitees der SED) dem Vorschlag des Oberkommandierenden des Warschauer Paktes, Marschall Jakubowski zu, auch NVA-Truppen an einer militärischen Intervention zu beteiligen.

Am 27. Juli 1968 verlegte die 7. Panzerdivision auf den Truppenübungsplatz Nochten und ihr Stab in die Nähe von Boxberg. Gemeinsam mit der 11. Mot.-Schützendivision sollte sie als Teil der »Operation Donau« von Nordwesten in die Tschechoslowakei vordringen. Bis 20. August verblieb die Division dort in Stellung, ehe sie in Marschkolonnen in die Bereitstellungsräume ausrückte, um als Reserve des Oberkommandierenden bereitzustehen. Ende Oktober 1968 kehrten die Einheiten der beteiligten NVA-Divisionen wieder in ihre Kasernen zurück.

- Sanitätsbataillon 9, Drögeheide
- Ersatzregiment 9
- Feldbäckereikompanie 9, Gumnitz
- Divisionslager 9, Gumnitz

Einsatz der 9. Panzerdivision

In Polen führten 1980 die August-Streiks und die daraus entstandene Solidarność-Bewegung zu einer brisanten Lage. Der Warschauer Pakt bereitete daraufhin eine militärische Intervention vor. Die DDR-Führung bestimmte die 9. Panzerdivision dafür, sich für einen Einmarsch in Polen bereitzuhalten, und versetzte sie in die Bereitschaftsstufe »Gefechtsbereitschaft bei Kriegsgefahr«. Dieser Befehl wurde erst 1982 aufgehoben, nachdem über Polen das Kriegsrecht verhängt worden war.

Für den Ernstfall wurde diese Armee mit großer Härte gedrillt. Sie war fast immer, rund um die Uhr, auch an Wochenenden zu 85 Prozent einsatzbereit.

Die Kampfpanzer der NVA

Mittlerer Panzer T34 (T34/76, T34/85)

Mittlerer Panzer T34. *(Foto: Archivbild)*

Mit über 50.000 Exemplaren war der sowjetische mittlere Panzer T34 (Bj. 1940–1958) der meistgebaute des Zweiten Weltkrieges und mit insgesamt über 80.000 Exemplaren einer der meistgebauten aller Zeiten. Gegenüber anderen zeitgenössischen Panzern verfügte er über eine relativ kleine Silhouette und eine vorteilhafte Kombination aus Feuerkraft, Panzerung und Manövrierfähigkeit.

Die Vorserienfahrzeuge baute die Charkower Lokomotivfabrik Komintern, danach übernahmen Traktorenfabriken in Stalingrad und Tscheljabinsk die Serienproduktion, welche kriegsbedingt letztendlich in Panzerwerken am Ural weiterlief. Mit Gründung der »Hauptverwaltung Ausbildung« (HVA), erhielt die DDR 1949 die ersten T34/76. Als Kaderschmiede der künftigen Streitmächte der DDR verkörperte die HVA als Nachfolger der »Verwaltung für Schulung« den militärisch orientierten Teil des Ministeriums. In der NVA wurde der T34/76 1964 ausgemustert. Seine »optimalere Variante«, der T34/85, war mit neuem Turm, 85-mm-Kanone, stärkerem Panzerschutz und verbesserten Richt-, Ziel- und Beobachtungsmöglichkeiten bei der »Kasernierten Volkspolizei« (KVP) im Einsatz, wurde jedoch 1961 aus den Verbänden der ständigen Gefechtsbereitschaft herausgenommen und verblieb bis 1988 in Reserve.

Mittlerer Panzer T54 (T54A, T54AM)

Mittlerer Panzer T54. *(Foto: Archivbild)*

Bereits während der letzten Kriegsjahre erfolgte die Entwicklung des T54, der eine Weiterentwicklung des T44 war, dem Nachfolgemodell des bewährten T34. Durch die neue Queranordnung des Motors konnte der Motor- und Transmissionsraum gegenüber dem T34 um 650 Millimeter verkürzt werden, was bei gleicher Wannenabmessung eine Kampfraumerweiterung um 35 Prozent und eine Vergrößerung des Turmdrehkranzes um 250 Millimeter ermöglichte. Zudem konnte nun eine 100-mm-Degtjarjow-10-T-Kanone eingebaut werden.
Die größten Einsätze des T54 fanden während des Vietnamkriegs statt. Der T-54A war der erste sowjetische Panzer, der nach dem Vorbild des M4 Sherman (US-amerikanischer Panzer) mit einem Stabilisierungssystem für die Hauptwaffe ausgerüstet war, und der T-54B war als erster sowjetischer Panzer voll nachtkampffähig. Ein modernisierter Nachfolger des T54A polnischer Produktion war der T54 AM, der in den Jahren 1962 bis 1964 in der NVA Einzug hielt, jedoch ab 1969 durch die Einführung des T55 als Mobilisierungsreserve für Mobilisierungseinheiten konserviert und abgestellt wurde. Die Kosten für die Wartung während der Aufbewahrung waren erheblich.

Mittlerer Panzer T55 (T55A(P), T55AM(P)

Mittlerer Panzer T55. *(Foto: Archivbild)*

Der T55 wurde Ende der 50er-Jahre aus dem T-54 entwickelt und den Bedingungen des Gefechts bei einem eventuellen Einsatz von Massenvernichtungswaffen in Europa angepasst. Motorleistung, Reichweite und Munitionsvorrat wurden gesteigert sowie der ABC-Schutz (Hermetisierbarkeit des Kampfraumes) verbessert. Der T55 besaß zusätzlich ein neues Seitenvorgelege, eine pneumatische Kupplungs- und Lenkhilfe, einen Schmierkreislauf mit Ölzentrifuge sowie einen größeren Kraftstofftank. Die optimierten geschossabweisenden Formen von Turm und Wanne sowie das Laufwerk bestachen durch Einfachheit (Drehstabfederung) und Robustheit. Großen Wert, trotz Modernisierungen, hatte man auf einfache Bedienung, Wartung und Reparaturfähigkeit unter Gefechtsfeldbedingungen gelegt. Mit diesen Eigenschaften wurde der T55 zum mittleren Standardpanzer der Sowjetarmee sowie der Armeen des Warschauer Pakts.

Schwerer Panzer IS II

Schwerer Panzer IS II. *(Foto: Archivbild)*

Der schwere Panzer IS II (IS steht für Iossif bzw. Josef Stalin) zählt zu den stärksten Panzern, die im Zweiten Weltkrieg gebaut wurden. Im Oktober 1952 wurden bei der KVP Panzer des Typs IS II als Erstausstattung der schweren Panzer- und SFL-Regimenter eingeführt. Durch die 122-mm-D-25T-Kanone besaß der IS II hohe Feuerkraft, unterstützt durch starke Durchschlagleistung und Sprengkraft der verschossenen Munition. Er verfügte über eine überdurchschnittliche Panzerung und war leicht manövrierbar. Ab 1962 wurden die IS II an die Volkswirtschaft und zu Übungszwecken an Schießplätze abgegeben.

Panzer T72 (T72M,T72M1)

Schwerer Panzer T72. *(Foto: Archivbild)*

Der Kampfpanzer T72 wurde ab 1972 vom Unternehmen Uralwagonsawod gebaut und von der Sowjetarmee in Dienst gestellt. Außer in der Sowjetunion wurde er auch in Polen, der ČSSR und in Jugoslawien gebaut, ab 1980 in Lizenz auch in Indien. Der T72 ist der gegenwärtig am meisten genutzte Kampfpanzer der Welt. Ab 1978 wurde die NVA mit dem T72 ausgerüstet, der hier den veralteten T55 ablösen sollte. Neu war die Turmform, die gegenüber dem T55 eine Gesamthöhe des Panzers von nur 2190 Millimetern zuließ. Der T72 ist mit einer 125-Millimeter-Glattrohrkanone und einem mit ihr gekoppelten Turm-MG sowie einem Fla-MG ausgerüstet. Ein Ladeautomat erhöht die Schussfolge und begründet den Verzicht auf den Ladeschützen. Die Besatzung ist auf drei Personen reduziert.

Schwimmpanzer PT 76 (PT 76B)

Schwimmpanzer PT76. *(Foto: Archivbild)*

Der PT 76 ist ein leichter Schwimmpanzer (Plawajuschtschi Tank), der 1952 in der Sowjetarmee eingeführt und überwiegend in Aufklärungseinheiten eingesetzt wurde. Er gehörte zur Erstausstattung der NVA. Ausgerüstet mit einem Wasserstrahltriebwerk, mit dem 10 Kilometer die Stunde erreicht werden kann, verleiht die besondere Form der wasserdichten Wanne dem Kampfwagen seine Schwimmfähigkeit, inklusive hoher Stabilität auf dem Wasser. Als Hauptbewaffnung diente eine 76-mm-Kanone mit einer maximalen Schussfrequenz von 15 Schuss in der Minute. Daneben ist achsparallel ein 7,62-mm-MG eingebaut. Beide Waffen können während der Wasserfahrt eingesetzt werden. Angetrieben wird der 14-Tonnen-Panzer durch einen 240-PS-Dieselmotor, mit dem 45 km/h erreicht werden. Die Besatzung besteht aus drei Personen. Mit Einführung neuer Aufklärungsfahrzeuge wie dem Schützenpanzerwagen SPW-40P2 oder dem Aufklärungspanzer BRM-1K und der Übernahme von Fahrzeugen der MOT.-Schützen in die Aufklärungseinheiten verschwand der PT-76/ 76B aus den Verbänden der ständigen Gefechtsbereitschaft der NVA.

Am 03. Oktober 1990 übernahm die Bundeswehr die gesamte Technik der NVA in ihre Strukturen. Mit Unterzeichnung des KSE (Vertrag über konventionelle Streitkräfte in Europa)-Vertrages vom 19.11.1990, zwischen den damaligen Mitgliedstaaten der NATO und des Warschauer Pakts geschlossen, meldete die BRD die übernommene Technik an die Vertragspartner. Durch den KSE-Vertrag sollte in Europa ein sicheres und stabiles Gleichgewicht der konventionellen Streitkräfte auf niedrigerem Niveau geschaffen und die Fähigkeit zu Überraschungsangriffen und groß angelegten Offensivhandlungen in Europa beseitigt werden. Zwei Jahre später wurden durch den in Kraft getretenen KSE-Vertrag innerhalb von 40 Monaten rund 2500 Panzer, 5500 gepanzerte Kampffahrzeuge, 1900 Artilleriesysteme sowie 120 Kampfflugzeuge von der BRD abgebaut. Sämtliche Kampfpanzer, Kanonen und Haubitzen, Mehrfachraketenwerfer und gepanzerte Mannschaftstransportwagen wurden entweder zerstört oder an Museen verkauft oder als Bodenziele zu Ausbildungszwecken bereitgestellt.

Bundeswehr: Die Panzertruppe im Wandel der Bedrohungslagen

Nach Kriegsende ab Mai 1945 erwies es sich bald als Utopie, dass die vier Siegermächte gemeinsam ihrer Verantwortung für Deutschland nachkommen würden. Unüberbrückbare ideologische und politische Differenzen sorgten schon früh für verhärtete Fronten, welche den Westteil unter amerikanischer, britischer und französischer Besatzung von der sowjetisch beherrschten Ostzone faktisch abtrennten.

Während die Westmächte nach der Besetzung der ihnen nach der Konferenz von Jalta (4. bis 11. Februar 1945) zufallenden Gebiete ihre militärischen Mittel drastisch zurückfuhren, hielt die Sowjetunion in ihrer Zone starke konventionelle Kräfte stationiert und stellte paramilitärische Volkspolizeidivisionen auf. Durch die Berlin-Blockade (24. Juni 1948 bis 12. Mai 1949), bei der die Sowjetunion einen Rückzug der Westmächte aus Groß-Berlin erzwingen und zudem ihren Anspruch auf das gesamte Berlin demonstrieren wollte, wurde den Westmächten die Begrenztheit ihrer Handlungsoptionen gegenüber dem potenziellen Gegner aus dem Osten bewusst. Da die Luftbrücke die Versorgung West-Berlins dauerhaft garantierte, hob die Sowjetunion die erfolglose Blockade am 12. Mai 1949 auf. Trotzdem: Der Gegner hatte Zähne gezeigt, und nun stand die am 4. April 1949 neu gegründete NATO (North Atlantic Treaty Organization) in der Pflicht, sich zu wappnen. Im Dezember 1950 erhob sie mit dem Konzept der »Forward Strategy« die Vorwärtsverteidigung, beginnend am »Eisernen Vorhang«, zur politischen Direktive für militärische Planungen. Im Dezember 1952 wurde das erste militärstrategische Konzept des Bündnisses verabschiedet, das eine Gleichwertigkeit von konventionellen und nuklearen Elementen vorsah, basierend auf der Doppelstrategie, eventuelle sowjetische Angriffe mit den konventionellen Kräften als Schild aufzufangen und mit den nuklearen Mitteln als Schwert zurückzuschlagen. Die Bundesrepublik Deutschland trat am 9. Mai 1955 der NATO bei. Gleichzeitig wurden durch die Pariser Verträge das Besatzungsstatut der Alliierten aufgehoben und für deren Verbleib auf bundesdeutschem Boden gesonderte Stationierungsverträge geschlossen. Am 7. Juni desselben Jahres wurde das Amt Blank (offiziell: Dienststelle des Bevollmächtigten des Bundeskanzlers für die mit der Vermehrung der alliierten Truppen zusammenhängenden Fragen) aus dem Bundeskanzleramt ausgegliedert und das Bundesministerium für Verteidigung gebildet.

Wesentliche Voraussetzungen für die Aufstellung der Bundeswehr waren somit erfüllt. Deutschland wurde souveräner Staat und ein unter kollektivem Schutz stehender gleichwertiger Bündnispartner. Das Koordinatensystem für das entstehende Heer mit der darin eingebetteten Panzertruppe war gestrickt: Zwölf Divisionen zur grenznahen Verteidigung in den zugewiesenen Gefechtsstreifen nach nationalen Führungsgrundsätzen, ruhend auf den Stützpfeilern der allgemeinen Wehrpflicht, geführt durch nationale Korpskommandos, eingebunden in das militärstrategische Konzept des Bündnisses, unter operativer Führung von NATO-Kommandobehörden gegen den klar definierten Gegner, den sowjetisch dominierten Warschauer Pakt (14. Mai 1955 – 1. Juli 1991).

Am 12. November 1955 wurden die ersten Soldaten der Bundeswehr vereidigt, die zwölfmonatige Wehrpflicht griff ab dem 1. April 1957. Schwierige Zeiten für die Bundeswehrführung. Um das Bündnis, insbesondere die Amerikaner, mit einem schnellen und signifikanten Beitrag zu befriedigen, gab ein enormer Zeitdruck den Takt des Tagesgeschäfts an. Zudem herrschte nach dem verlorenen Zweiten Weltkrieg in der deutschen Öffentlichkeit, die wenig Verständnis für eine neu zu gründende Armee aufbrachte, noch viele Jahre eine verbreitete »Ohne-mich-Stimmung«.

Mit der Kubakrise im Oktober 1962 erreichte der Kalte Krieg jedoch eine neue Dimension. Amerikanische Aufklärungsflugzeuge entdeckten auf

Werbeplakat für die neu aufgestellte Bundeswehr. Man warb mit Heimatschutz; Worte wie »Verteidigung« klangen noch zu angestrengt nach den zurückliegenden Kriegsjahren. *(Foto: Archivbild)*

der Karibikinsel Abschussrampen für sowjetische Raketen. Nur 200 Kilometer von der Küste Floridas entfernt, stellten die russischen Raketen eine ebenso reale wie ernsthafte Bedrohung für die USA dar. Noch nie waren die beiden Supermächte einer militärischen Konfrontation so nahe. Erstmals wurden einer breiten Öffentlichkeit die ungeheuren Gefahren eines möglichen Atomkrieges bewusst. Doch mit politischem Geschick konnten der amerikanische Präsident John F. Kennedy und der sowjetische Staatschef Nikita Chruschtschow diesen Konflikt, der durchaus in einen Dritten Weltkrieg hätte münden können, beilegen.

Hierzulande lauteten die Vorgaben für den organisatorischen Aufbau der Panzertruppe in den Streitkräften der BRD:

- Der Gegner aus dem »Osten« sollte vor einem Angriff auf den europäischen »Westen« zurückschrecken.
- Jedweder eventuelle Angriff aus dem »Osten« im europäischen Bereich von der Ostsee bis zu den Alpen sollte erfolgreich zurückgeschlagen werden.

Bei der Entscheidung darüber, mit welchen Kampfpanzern (KPz) die Erstausstattung der Panzertruppe erfolgen sollte, spielten die USA eine entscheidende Rolle, konnten sie doch quasi aus dem Stand KPz der Typen M47 und M48 sowie Bergepanzer M74 in ausreichender Stückzahl zur Verfügung stellen. Sieben Armeen der NATO verwendeten den M47 bereits, obwohl dieser KPz gemessen an der Bedrohungslage unterbewaffnet war.

Deutsche Soldaten 1956 bei einer Übung mit dem M47. *(Foto: Archivbild)*

M47 Vorderansicht. Panzermuseum Munster.

Der erste Kampfpanzer der Bundeswehr **Typenblatt M47 »Patton«**	
Besatzung	5 Soldaten
Länge	6360 mm (ohne Kanone)
Breite	3510 mm
Höhe	3350 mm
Kettenbreite	580 mm
Bodenfreiheit	390 mm
Überschreitfähigkeit	2600 mm
Gefechtsgewicht	46.100 kg
Leistungsgewicht	17,5 PS/Tonne
Panzerung	20 bis 115 mm
Geschwindigkeit	48 km/h (Straße)
Fahrbereich	130 km (Straße)
Motor	Continental 12-Zylinder-Benzinmotor AV-1790-5B, -7, -7B oder -7c; 2 Vorwärtsgänge, 1 Rückwärtsgang
Hubraum	47.200 cm^3
Leistung	810 PS
Kraftstoffvorrat	878 l
Bewaffnung	90-mm-Kanone M 36 (49 Schuss), 1 x 12,7-mm M2-HB-MG (400 Schuss), 2 x 7,62-mm-M1919-MGs (gesamt 4125 Schuss)
Hersteller	Detroit Tank Arsenal, American Locomotive Comp., USA

Typenblatt M48 »Patton II«	
Besatzung	4 Soldaten
Länge	8680 mm
Breite	3620 mm
Höhe	3090 mm
Kettenbreite	710 mm
Gefechtsgewicht	47.600 kg
Leistungsgewicht	18,2 PS/Tonne
Panzerung	10 bis 76 mm
Geschwindigkeit	48 km/h (Straße)
Fahrbereich	257 km (Straße)
Watfähigkeit	1220 mm
Motor	Continental 12-Zylinder-Benzinmotor AV-1790-5B, -7, -7B oder -7c; luftgekühlt; 2 Vorwärtsgänge, 1 Rückwärtsgang
Hubraum	29.390 cm^3
Leistung	821 PS bei 2800 U/min
Kraftvorrat	1269 l
Bewaffnung	9-cm-Bordkanone L 41 (60 Schuss), koaxiales 7,92-mm-MG M1919, 12,7-mm-Fla-MG
Hersteller	Ford Company, General Motors, Chrysler, USA

Des Weiteren war der KPz M47 die Hauptwaffe der Panzerjägertruppe, da die geplante Ausstattung mit Raketensystemen nicht realisiert werden konnte. Die Leoparden und ihre Vorgänger (Standardpanzer und Kampfpanzer 70) schrieben eine eigene Geschichte (s. nachfolgendes Kapitel), mündete diese doch in das aktuelle Hauptwaffensystem der heutigen Panzertruppe.

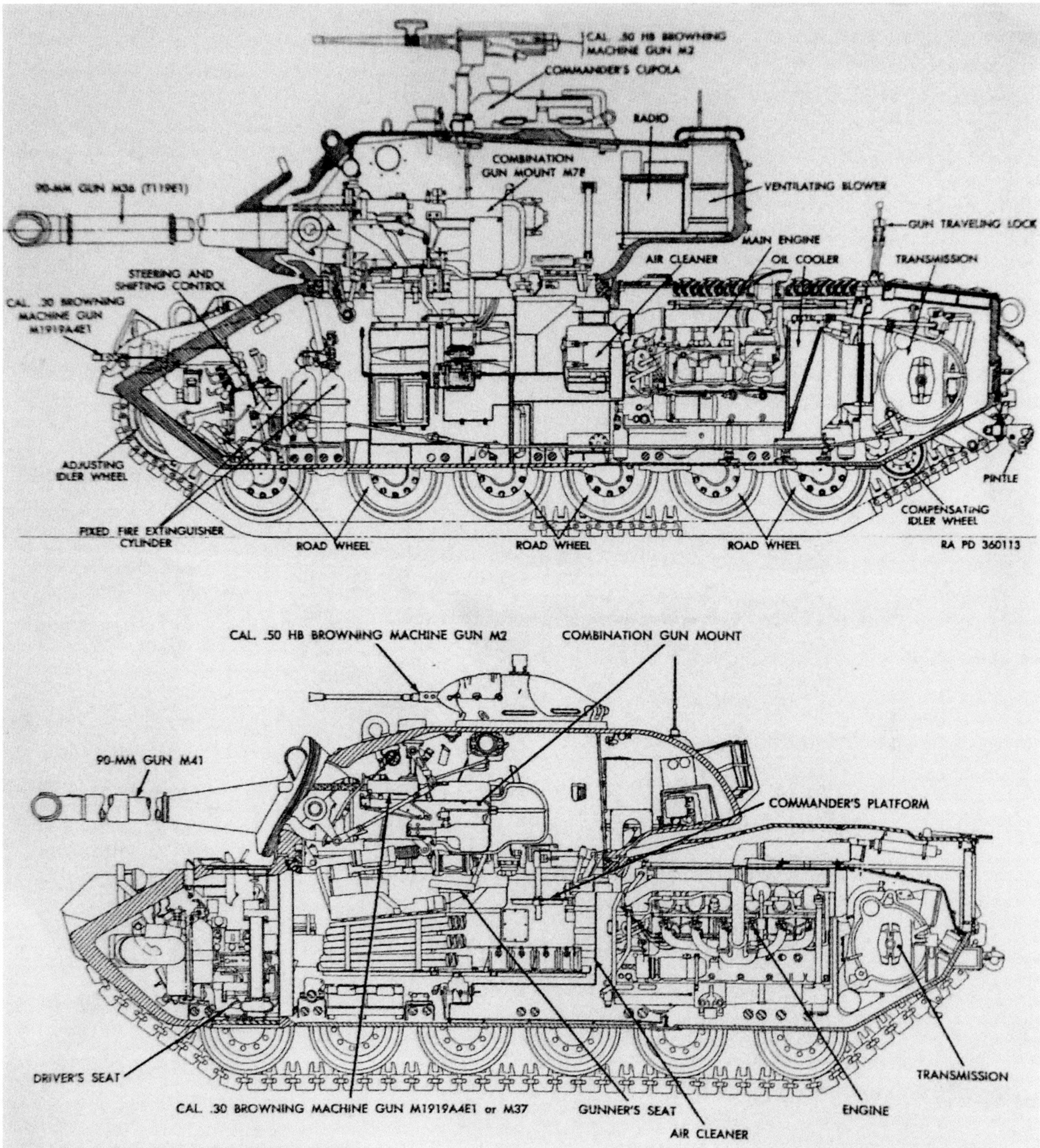

Die ersten Kampfpanzer der Bundeswehr aus US-amerikanischer Produktion: KPz M47 (oben) und KPz M48 (unten).
(Foto: Archivbild)

In der Heeresstruktur I sollten bis 1959 zwölf Heeresdivisionen stehen. Bis 1966 sah die NATO-Strategie im Falle eines Angriffs der sowjetischen Streitkräfte einen massiven atomaren Vergeltungsschlag vor.

- Die Entwicklung taktischer sowjetischer Atomwaffen erforderte eine neue Heeresstruktur, noch bevor die Heeresstruktur I (1955–1959) vollständig in der Bundeswehr hatte verwirklicht werden können. Um die Auswirkungen von Angriffen mit atomaren Gefechtsfeldwaffen auf das Heer zu minimieren, wurden die als unbeweglich eingestuften Divisionen in kleinere und mobilere Brigade-Einheiten gegliedert (Heeresstruktur II, 1959–1970). Diese kleineren Einheiten sollten auch auf dem atomaren Gefechtsfeld mehrere Tage durchhalten können und zur beweglich geführten Verteidigung sowie schnellen Gegenangriffen fähig sein. Die neuen Panzer- und Panzergrenadierbrigaden waren außerdem zum Gefecht der verbundenen Waffen befähigt. Jede Division sollte sich aus drei Brigaden zusammensetzen. Die Panzerbrigade setzte sich standardmäßig aus einem Panzergrenadierbataillon, zwei Panzerbataillonen, einem Panzerartilleriebataillon und einem Versorgungsbataillon zusammen. Die Panzergrenadierbrigade bestand aus einem motorisierten Grenadierbataillon, zwei Panzergrenadierbataillonen, einem Panzerbataillon, einem Feldartilleriebataillon sowie einem Versorgungsbataillon. Die Grenadierdivisionen erhielten die Bezeichnung »Panzergrenadierdivision«.
- Mit der Stationierung sowjetischer Mittelstreckenraketen (Reichweite 800 bis 5500 Kilometer) im Europa der 70er-Jahre begann ein Wettrüsten, das schließlich beide Machtblöcke in die Lage versetzte, mit seinen Kapazitäten nicht nur den jeweiligen Gegner (Mutual Assured Destruction), sondern gleich die ganze Welt mehrfach zu vernichten (Overkill). Dieser Entwicklung wurde in der Heeresstruktur III (1970–1979) Rechnung getragen. Panzerregimenter wurden als taktische Reserven der Korps vorgesehen. Bei der Aufstellung gab es jedoch erhebliche Probleme. Teilweise wurde auf die Aufstellung geplanter Panzerbrigaden zugunsten der Aufstellung von Regimentern verzichtet. Die Regimenter sollten gemäß der Unterstellung unter ihr Korps Panzerregiment 100, 200 beziehungsweise 300 heißen. Das Panzerregiment 300 wurde jedoch entgegen der ursprünglichen Planung nicht aufgestellt.

Bereits am 12. April 1956 schrieb Präsident Eisenhower über »das Zeitalter der nuklearen Waffen«: »*Das wahre Sicherheitsproblem unserer Tage ist nicht so sehr Mann gegen Mann oder Nation gegen Nation. Es ist Mensch gegen Krieg.*
Wenn beide Seiten erst einmal erkennen – und das wird eines Tages der Fall sein –, dass jeder Ausbruch allgemeiner Feindseligkeiten, gleichgültig, ob überraschend oder nicht, nur die beiderseitige und vollständige Zerstörung zur Folge haben wird, dann werden wir vielleicht genug Vernunft haben, um am Konferenztisch festzustellen, dass die Zeit der Aufrüstung zu Ende ist und dass die menschliche Rasse sich zu dieser Wahrheit bekennen oder sterben muss.

Die AN602, später »Zar-Bombe« genannt, war die stärkste jemals gezündete Wasserstoffbombe und erzeugte die bislang größte von Menschen verursachte Explosion. *(Foto: Archivbild)*

Mit der Umgliederung der 2. und 4. Panzergrenadierdivision in Jägerdivisionen sollte eine höhere Anpassungsfähigkeit der Verbände an wechselnde Geländeverhältnisse erreicht werden. Die Korps erhielten als Reserve Panzerregimenter und eigene Luftlandekräfte. Ende 1971 unterstanden den Divisionen des Feldheeres 13 Panzer-, 11 Panzergrenadier-, 4 Jäger-, 3 Fallschirmjäger- und 2 Gebirgsjägerbrigaden. Das Heer stellte als weitere Reaktion 1975 die noch fehlenden dritten Brigaden der 7., 10. und 12. Panzerdivision auf. Damit wurde das Soll von 36 Brigaden erfüllt.

- Bereits Ende der 1970er-Jahre verfügten die USA über 32.000 nukleare Sprengköpfe, die Sowjets über 45.000. Die Verstärkung der sowjetischen Luftlandedivisionen sowie die Aufrüstung der Truppen des Warschauer Paktes mit neuen Waffensystemen erforderte Gegenmaßnahmen. Die NATO reagierte 1979 mit dem Doppelbeschluss. Nach dem Scheitern der Verhandlungen wurden die Raketen und Marschflugkörper Pershing II und BGM-109 Tomahawk aufgestellt.
  Die neuen Brigaden wurden in Erprobung der Heeresstruktur IV (1980–1990) zunächst als Modellbrigaden konzipiert. Das Heer bestand in der neuen Struktur dann aus 36 aktiven Brigaden (17 Panzer-, 15 Panzergrenadier-, 3 Luftlande- und 1 Gebirgsjägerbrigade), die den zwölf Divisionen (6 Panzer-, 4 Panzergrenadier-, die 1. Luftlande- sowie die 1. Gebirgsdivision) unterstellt waren.
- Mit der Wiedervereinigung 1990, dem Ende des Kalten Krieges und der atomaren Abrüstung begann eine bis heute anhaltende Phase der Verkleinerung des Heeres. In der Heeresstruktur V (1990–1992) bestand das gesamtdeutsche Heer nach Eingliederung der Nationalen Volksarmee (insbesondere der Landstreitkräfte der NVA) zunächst aus 14 Divisionen und 43 Kampfbrigaden (zuzüglich der neu aufgestellten deutsch-französischen Brigade) sowie 6 aktiven und 6 nichtaktiven Heimatschutzbrigaden im Territorialheer, die auf 26 Brigaden reduziert wurden, von denen manche nur teilaktiv waren. Die Beschlüsse der Nuklearen Planungsgruppe der NATO 1991 führten zu einem Verzicht auf nuklearfähige Gefechtsfeldwaffen des Heeres.
- Die zunehmenden Auslandseinsätze im erweiterten Aufgabenspektrum des Heeres führten zu einer Nachsteuerung (N) der Heeresstruktur V (1993–1997). Eine weitere Reform der Bundeswehr erfolgte ab 1997 entsprechend der neuen Heeresstruktur »Neues Heer für neue Aufgaben« (1997–2001). Seit 2001 erfolgen beim Heer unter dem Stichwort »Transformation« umfangreiche und kontinuierliche Strukturreformen. Gleichwohl werden weiterhin Zwischenschritte definiert wie das »Heer der Zukunft« (2001–2006) und »Neues Heer / Heer 2010« (ab 2006). Die Weiterentwicklung des Heeres beinhaltete seine weitere Kategorisierung in Eingreif-, Stabilisierungs- und Unterstützungskräfte. Den Kern der Eingreifkräfte bildet die 1. Panzerdivision (auch: Division Eingreifkräfte), die in ihrer Größe, der Anzahl der Divisionstruppen und ihrer Fähigkeit zur Durchführung von Operationen der verbunden Kräfte mit eigenen Truppen die einzige Division ist, die noch mit den Divisionen des Kalten Krieges in etwa vergleichbar ist. 2011 stellte Verteidigungsminister Thomas de Maizière sein Konzept für die Neuausrichtung der Bundeswehr vor. Der Umfang des Heeres wird deutlich reduziert. Bereits seit Juli 2011 umfasst das Heer nur noch freiwillig dienende Soldaten; die Wehrpflicht ist ausgesetzt.

Der Bedrohungsspiegel ab dem Ende des Zweiten Weltkrieges bis heute lässt sich nirgendwo besser ablesen als an der Aufstellung der Panzertruppe seit den Anfängen der Bundeswehr. Einst Speerspitze des Heeres, besteht die Panzertruppe heute (Anfang 2013) nur noch aus zwei Divisionen (1. PzDiv und 10. PzDiv) mit insgesamt drei Panzerbrigaden, zu denen insgesamt vier Panzerbataillone (33, 93, 104 und 203) gehören. Zwei weitere noch aktive Panzerbataillone (393 und 413) sind Panzergrenadierbrigaden unterstellt. Eine Aufstellung der Einheiten der Panzertruppe seit Gründung der Bundewehr findet sich als Tabelle im Anhang dieses Buches.

Hauptwaffensystem

Die Ära des Kampfpanzers »Leopard«

Wer ihn von weitem hört, ahnt, wer er sein muss.
Wer ihn vorbeifahren sieht, weiß, wer er ist:
Der derzeit beste Kampfpanzer der Welt.

Sie nennen ihn schlicht »das Auto«, wenn sie ihn mal eben holen gehen, zum »Marsch« oder um eine Gefechtsübung zu fahren.
Und so, wie man eben mit seinem Auto umgeht, für das man ein Faible entwickelt hat, so gehen sie auch mit ihm um: Fürsorglich und detailversessen, wenn es um den inneren und äußeren Bestzustand geht. Denn ihr Leopard 2 (derzeit A5, A6 oder A6M), das »Auto«, hat Geschichte. Er ist Oldtimer und Newcomer zugleich. Deutsche Präzisionsarbeit, von der sich mittlerweile zahlreiche Länder überzeugen ließen. Die Panzertruppe der Bundeswehr fährt ihn so selbstverständlich instinktsicher und allürenfrei, dass man zu dem Schluss kommt: sie sind der eigentliche Antrieb, das Herzstück, das dem Koloss seine endgültige Präzision verleiht. Denn ohne top ausgebildete Crew ist ein Kampfpanzer dieser Güteklasse wie ein herrenloses Pferd: unkontrollierbar und kampfwertneutralisiert.

Die Oldtimer: Leopard 1 und Kampfpanzer 70

Die von den USA seit 1956 zur Verfügung gestellten Kampfpanzer M48 und der ebenfalls genutzte ältere M47 ermöglichten der neu gegründeten Bundeswehr einen akzeptablen Start für die deutsche Panzertruppe, entsprachen jedoch in keiner Weise deren eigenen technischen Zukunftsvisionen. Diese Visionen beinhalteten eine Technik, welche die aller bisherigen Panzer übertreffen sollte und sich in der damaligen Lage der BRD der Nachkriegsjahre anfänglich nur in Form einer Rüstungskooperation realisieren ließ. Mehrere Bündnisländer hatten somit durch gebündelte Ressourcen die Chance, einen gemeinsamen revolutionären Kampfpanzer für den Ernstfall auf dem Gefechtsfeld zu positionieren. Zudem machte die Bedrohungslage des Kalten Krieges frösteln, die Ritterrüstung der Panzertruppe war zu klein geworden und schürfte mächtig am Bestreben nach Erneuerung.
Im Juni 1957 kam es zwischen Deutschland und Frankreich zu einem Militärabkommen über die gemeinsame Entwicklung eines mittleren Kampfpanzers mit der Bezeichnung »Standardpanzer«, dem sich 1958 auch Italien anschloss. Das Bundesministerium der Verteidigung (BmVg) gab am 25. Juli 1957 in Abstimmung mit Frankreich folgende Forderungen vor:

Gefechtsgewicht	30 t
Leistungsgewicht	30 PS/t
Breite	3,15 m
Geschwindigkeit	65 km/h
Bewaffnung	BK 105 mm und zwei MGs, Durchschlagleistung von 150 Millimeter starkem Panzerstahl bei um 30 Grad geneigter Auftrefffläche und einer Entfernung zwischen 2000 und 2500 Metern
Motor	Vielstoffmotor mit geringem Verbrauch
Fahrbereich	350 km
Spezifischer Bodendruck	0,8 kp/cm^2

Prototyp des Kampfpanzers 70 (li.) neben einem Leopard 1. *(Foto: Archivbild)*

Federung	Dem letzten Stand der Technik entsprechend
Panzerschutz	Schutz vor 20-Millimeter-Geschossen auf kurze Distanz
ABC-Schutzbelüftung	Einsatz in atomar kontaminiertem Gelände für 24 Stunden

Drei Firmengruppen mit aussagekräftigen Namen wurden in der BRD mit der Ausarbeitung von Konstruktionsplänen beauftragt: »A« stand für Porsche, Jung-Jungenthal, Atlas-MaK und Luther & Jordan, »B« für Henschel, Hanomag und das Konstruktionsbüro Warnecke der Firma Ruhrstahl und »C« für die Firma C.F.W. Borgward. Hinzu kam noch die »Direction des Etudes et Fabrications d'Armement« (DEFA), die Gruppe des französischen Verteidigungsministeriums (Ministère de la Défense). Die Unternehmen Rheinmetall und Wegmann übernahmen die Turmherstellung.

Wegen technischer Schwierigkeiten und aus Ersparnisgründen wurden jedoch noch während der Erprobungsphase einzig die Prototypen der Arbeitsgruppe A weiterentwickelt. 1962 entschied man sich für das Porsche-Modell Typ 714, nicht nur wegen der modernen Form, sondern auch wegen der Überlegenheit des darin eingebauten Zehnzylinder-Dieselmotors von Mercedes. Dieser Motor und ein ausgeklügeltes Kettenlaufwerk beschleunigten den Panzer bis auf 62 km/h und verliehen ihm hohe Beweglichkeit und Wendigkeit. Das Gesamtpaket hinterließ mächtig Eindruck.

Die Erprobung der ersten deutschen Prototypen dauerte bis April 1962. Gleichzeitig wurde im September 1960 mit der Fertigung der Prototypen II begonnen, welche über ein stärkeres Triebwerk (830 statt 600 PS), eine verstärkte Panzerung (Gewicht 39 t) und eine um 10 Zentimeter breitere Wanne verfügten.

Im Herbst 1962 erfolgten die Truppenversuche beim Panzerlehrbataillon 93 in Munster. Die »Praktiker« vor Ort monierten das auf größere Entfernungen ungenaue Einschieß-MG und forderten die Wiedereinführung des Entfernungsmessers, was in letzter Konsequenz einer Forderung nach einem neuen Turm mit E-Messer am Richtschützenplatz gleichkam, der bei 16-facher Vergrößerung ein Misch- und Raumbildsystem in sich vereinigen sollte. Bei der getrennt durchgeführten trilateralen Vergleichserprobung in Meppen, Bourges und Satory erwies sich der deut-

sche Prototyp als gleichwertiges Fahrzeug, das den Konkurrenten in wichtigen Teilgebieten deutlich überlegen war.
Noch während der Erprobung genehmigte der Verteidigungsausschuss des Bundestages den Bau von 50 Vorserienfahrzeugen, die schon zahlreiche Änderungen aufwiesen: Den Einbau eines optischen Entfernungsmessers sowie eines Wärmeausgleichers für die Rohrbremse, eine Erhöhung der Standfestigkeit der Ziel- und Beobachtungseinrichtungen und eine Verstärkung der Befestigung der Richtanlage.
Aufgrund einer Änderung der französischen Verteidigungspolitik, der keine Geldmittel mehr für den Panzerbau zur Verfügung standen, während Deutschland dringend die M-47-Kampfpanzer ersetzten musste, entschieden sich Frankreich und Deutschland, nunmehr beim Bau des Standardpanzers jeweils eigene Wege zu gehen.
Nach der Trennung der beiden Partner fand in der BRD nun eine rein nationale Erprobung des seit 1. Oktober 1963 vom Inspizienten der Panzertruppe so benannten »Leopard« statt, mit dem Ziel, die technische Reife und damit die Einführungsgenehmigung durch den Bundesminister der Verteidigung zu erlangen. Die Bezeichnung »Leopard« wurde aufgrund der guten Beweglichkeit des Standardpanzers gewählt, dessen Eigenschaften in dieser Hinsicht durchaus denen der Großkatze glichen.
Schlussendlich wurden für die Bundeswehr insgesamt 2437 Kampfpanzer Leopard 1 gebaut, weitere Exemplare gingen in zwölf Länder auf vier Kontinenten: Australien, Chile, Brasilien, Ecuador, Kanada, Belgien, Niederlande, Dänemark, Norwegen, Italien, Türkei und Griechenland kauften den Leopard 1. Die Gesamtkosten für Entwicklung, Prototypenfertigung, Truppenversuche und Weiteres betrugen knapp 250 Millionen Mark. Die letzten Kampfpanzer Leopard 1A5 wurden 2003 mit der Außerdienststellung des Panzerbataillons 74 in Cuxhaven/Altenwalde aus dem aktiven Dienst in der Bundeswehr genommen.

Ursprüngliche Serienausführung des Leopard 1

Der erste Serien-Leopard verließ am 9. September 1965 die Taktstraße des Generalunternehmers Krauss-Maffei AG. Insgesamt 2700 Firmen waren zu diesem Zeitpunkt an der Fertigung von Einzelteilen und Baugruppen für den Kampfpanzer beteiligt. Die vier von September 1965 bis Juli 1966 gefertigten Baulose, die sich nur geringfügig voneinander unterschieden, verliehen schlussendlich 1845 Kampfpanzern solch wesentliche Charakteristika wie

- ein gegossenes Turmgehäuse,
- eine elektro-hydraulische Waffenrichtanlage ohne Waffenstabilisierung,
- Verbindergleisketten D 139 E2 (mit einvulkanisierten Kettenpolstern) und
- Infrarotnachtsichtgeräte für Fahrer und Kommandant.

Das erste Baulos (400 Stück) war erkennbar an der eckigen Außenbordsprechstelle, fehlenden Schürzenhalterungen sowie fehlendem Turmkragen. Das zweite Baulos (600 Stück) war charakterisiert durch eine runde Außenbordsprechstelle und Wannen mit Turmkragen, das dritte Baulos (484 Stück) wurde mit nur geringfügigen Änderungen gebaut und das vierte Baulos (361 Stück) war hauptsächlich an den Auspuffgrätings im Strangpressprofil zu erkennen.

Leopard 1 A1

Die Fahrzeuge des 1. bis 4. Bauloses konnten 1975 bis 1977 durch Nachrüstung auf den neusten technischen Stand gebracht werden:

- Waffenstabilisierungsanlage, welche ein Schießen aus der Fahrt erlaubt.
- Wärmeschutzhülle für die Bordkanone.
- Seitliche Kettenblenden.
- Tiefwatausrüstung.
- Statt IR-Nachtsichtgeräten wurden Bildverstärkergeräte (BIV-Nachtsichtgeräte) für Fahrer und Kommandant eingesetzt.
- Die Fahrzeuge des 1. und 2. Bauloses wurden mit Heißösen für den Seetransport ausgestattet.

Typenblatt Leopard 1 A1	
Besatzung	4 Soldaten
Länge (nur Panzer)	6940 mm
Breite	3370 mm
Höhe	2620 mm
Bodenfreiheit	450 mm
Gefechtsgewicht	42.400 kg
Leistungsgewicht	19,0 PS/Tonne
Panzerung	Panzerstahl
Geschwindigkeit	65 km/h (Straße)
Fahrbereich	562 km (Straße), 300 km (Gelände)
Watfähigkeit	1200 mm
Unterwasserfahrt	bis 4000 mm
Motor	MTU MB 838 Ca M 500 V10-Zylinder-Vielstoffmotor
Getriebe	4 Vorwärtsgänge, 2 Rückwärtsgänge
Hubraum	37.400 cm³
Leistung	610 kW (830 PS)
Kraftstoffvorrat	985 l
Bewaffnung	britische 105-mm-L7 A3, 2 x 7,62-mm-MG3 (koaxial und Fla-MG auf Turm), Nebelmittelwurfanlage
Hersteller	Henschel und Wegmann

Leopard 1 A1A1

Beim Leopard 1 A1A1 wurde eine Zusatzpanzerung am Turm nachgerüstet. Dazu wurden gummibeschichtete Stahlzusatzplatten am Turm angebracht und die Kanonenblende zusätzlich durch eine Stahlplatte gepanzert. Das Gefechtsgewicht stieg dadurch von 41,5 auf 42,4 Tonnen an. Gleichzeitig wurden die Verbrennungsluftfilter verbessert und eine Unterdrucklukensicherung eingebaut, die ein Anlassen des Motors bei gleichzeitig geschlossener Kommandantenluke nach Abschluss der Vorbereitungen für das Tiefwaten verhinderte. Eine notwendige Sicherheitsmaßnahme, da nach Schließen aller Öffnungen durch die Tauchhydraulik die Verbrennungsluft des Motors durch den Kampfraum angesaugt wurde. Mit dem Angleich an den Leopard 1 A4, dem Einbau der Funkgerätefamilie SEM 80/90 und des passiven Nachtziel- und Beobachtungsgeräts (PZB) 200, wurden diese Panzer als Leopard 1 A1A4 bezeichnet. Fahrzeuge ohne PZB 200, jedoch mit SEM, trugen die Kennung A1A3.

Leopard 1 A1A4.

Leopard 1 A2

Die Fertigung des fünften Bauloses (232 Stück) begann im April 1972 und endete im Mai 1973. Vom Vorgänger war der A2 lediglich durch die ovalen Abdeckplatten an den Endköpfen des Entfernungsmessers zu unterscheiden. Er wurde nicht mit einer Turmzusatzpanzerung nachgerüstet. Die Änderungen umfassten eine Aufdickung der Turmpanzerung, eine leistungsfähigere Verbrennungsluft-Filteranlage, verbesserte ABC-Filter, Bildverstärkergeräte (BiV-Nachtsichtgeräte) für Fahrer und Kommandant, Waffenstabilisierung für die Waffenrichtanlage, Wärmeschutzhülle für die Kanone, Verbindergleiskette D 640A mit auswechselbaren Kettenpolstern und seitlichen Kettenblenden. Mit eingeführt wurden ebenfalls Abschleppseile mit einer Länge von fünf Metern, welche die Drei-Meter-Seile ersetzten. Im Turm wurde ein Schutzgitter nachgerüstet, um die Besatzung bei eingeschalteter Waffenstabilisierung vor den Bewegungen der innenliegenden Bordkanonenteile zu schützen.

Leopard 1 A2A1.

Leopard 1 A3

Die letzten Fahrzeuge des fünften Bauloses (110 Stück) wurden von Mai 1973 bis November 1973 gefertigt. Die Änderungen umfassten einen geschweißten langgestreckten Turm in Schottbauweise, was eine auffallende Veränderung des Äußeren zur Folge hatte. Das Innenvolumen stieg um 1,5 Kubikmeter. Der Ladeschütze erhielt einen dreh- und kippbaren Winkelspiegel. Auf den Einbau eines Nahverteidigungssystems wurde aufgrund der hohen Selbstgefährdung verzichtet.

Leopard 1 A4

Die Auslieferung des sechsten Bauloses (250 Stück) begann im August 1974 und endete im März 1976. In der Ausführung befand sich eine integrierte Feuerleitanlage für Kommandant und Richtschütze, welche einen verbesserten optischen Entfernungsmesser (EMES 12A1), ein PERI R12 für den Kommandanten mit IR-Nachtsichtkanal und einen verbesserten Feuerleitrechner besaß. Sämtliche Modelle wurden mit einem PZB 200 nachgerüstet. 1989 wurden 235 Panzer des Loses aus dem Bestand genommen und zum A3 zurückgerüstet.

Leopard 1 A4.

Leopard 1 A5

Mit der Kampfwertsteigerung vom Oktober 1986 bis September 1992 änderte sich die Bezeichnung in 1A5. Die Umrüstung umfasste eine Verbesserung der Erstschusstrefferwahrscheinlichkeit aus der Bewegung sowie eine Verkürzung der Reaktionszeit durch eine neue Feuerleitanlage EMES 18 (angepasste FLA des Leopard 2 mit stabilisiertem Hauptzielfernrohr [HZF] und Laserentfernungsmesser, jedoch ohne Waffennachführanlage [WNA]), eine Verbesserung des ABC-Schutzes, eine Winkelspiegelwaschanlage für den Fahrer, verstärkte Schwingarmlagerungen und eine Feldjustieranlage. Eine weitere Änderung war die Vorbereitung zur Aufnahme der 120-mm-Bordkanone des Leopard 2. Wurden die A5 mit der neuen Funkgerätefamilie SEM 80/90 ausgestattet, erweiterte sich die Bezeichnung auf Leopard 1A5 A1. Nachfolgend wurden alle Leopard um die Zahl 1 ergänzt.

Leopard 1 A6

Der 1A6 war eine Projektstudie des »Bundesamtes für Wehrtechnik und Beschaffung« für einen Panzerabwehrkampfwagen aus dem Jahr 1986. Im Rahmen der Studie »Panzerkampfwagen 90« wurden zwei Versuchsträger mit unterschiedlichen Rüstständen gebaut. Das Projekt wurde 1987 nach einer Dauererprobung in der Erprobungsstelle 41, der heutigen Wehrtechnischen Dienststelle 41, mit dem Nachweis seiner Erfüllbarkeit eingestellt.

Das Projekt »Kampfpanzer 70«

Nach dem Scheitern des trinationalen Standardpanzer-Projektes wurde im August 1963 ein bilaterales Abkommen zur Entwicklung eines einheitlichen, standardisierten Kampfpanzers zwischen der USA und der BRD abgeschlossen. Der »Main Battle Tank (MBT) 70« oder besser »Kampfpanzer (KPz) 70« sollte mit seiner Drei-Mann-Besatzung sogar auf atomar verseuchtem Gefechtsfeld längere Zeit einsatzfähig bleiben. Strahlenschutz und Klimaanlage für den Kampfraum standen zumindest im Forderungskatalog. Der las sich seinerzeit wie eine Bestellung de luxe:

- Schießen während der Fahrt, auch auf fahrende Ziele durch automatische Vorhalterechnung.
- Primärstabilisierte Optiken und nachgeführte Waffen.
- Kombinierte 152-mm-Hauptwaffenanlage (Flugkörper wie die Shillelagh und konventionelle Geschosse) und relativ kurzes Rohr.
- Automatischer Lader ermöglicht die Drei-Mann-Besatzung.
- Seiten- und höhenunabhängiges Sekundärwaffensystem (20 mm).
- Stabilisierte passive Direkt- oder Fernsehnachtsichtanlage.
- Turmschwenkwerk mit hydraulischer Kraftversorgung aus dem Fahrgestell.
- Drehbarer Fahrerstand im Turm.
- Höhenverstellbares hydropneumatisches Federungssystem.
- Geschweißte Schottpanzerkonstruktion für Wanne und Turm.

MBT 70 bei Fahrversuchen in Aberdeen.

MBT 70 beim Abfeuern einer Shillelagh.

Die USA beauftragten General Motors, die Bundesrepublik Deutschland die »Deutsche Entwicklungsgesellschaft« (DEG), welche aus den Unternehmen Krauss-Maffei, Keller & Knappich, Luther-Werke, Rheinstahl-Henschel, Atlas-MaK und den Rheinischen Stahlwerken bestand. Das Unternehmen Wegmann übernahm die Turmherstellung. Zwischen 1964 bis 1966 gelang es, ein gemeinsames Konzept zu entwickeln, die Hauptbaugruppen zu bestimmen und das Design zu erarbeiten. Es entstanden unterschiedliche Holzmodelle im Maßstab 1:1. Bezüglich der Hauptwaffe gab es Meinungsverschiedenheiten. Der MBT 70 besaß daher eine selbstladende 152-mm-Kombinationswaffe XM-150 (Kanone/Raketenwerfer) und der KPz 70 eine 120-mm-Kanone von Rheinmetall.
Deutschland räumte zum damaligen Zeitpunkt der Beweglichkeit eine höhere Priorität ein als dem Schutz, für die Amerikaner war der Schutz wichtiger als die Beweglichkeit; Produktionshindernisse, die durch unterschiedliche taktische Vorstellungen entstanden. Die Entscheidung, Beweglichkeit vor Panzerschutz zu setzen, begründete sich zu dieser Zeit aus der Tatsache, dass die verfügbare Panzerungstechnologie keinen zuverlässigen Schutz vor Hohlladungsgeschossen bot. Einig waren sich beide Staaten hingegen, was die Feuerkraft betraf. Bis zum März 1967 war die Fertigstellung des ersten Prototyps gefordert, die USA schafften es im Juli, die Deutschen im Oktober; beide Prototypen noch ohne Feuerleitanlage. 1968 konnte mit ersten Fahrversuchen und Werkserprobungen begonnen werden. Die Anzahl der zu fertigenden Prototypen wurde von acht auf sechs pro Nation reduziert, somit betrug die geplante Gesamtzahl 14.
Wegen der stetig steigenden Entwicklungskosten – bis dahin rund 830 Millionen DM (etwa 424,4 Millionen Euro) – stieg Deutschland 1969 aus dem Projekt aus. 1970 beauftragte das Ministerium für Verteidigung die Krauss-Maffei AG mit der Entwicklung des Kampfpanzers Leopard 2 im nationalen Alleingang. Die USA führten die Entwicklung ihres MBT 70 zunächst unter erheblichen Einschränkungen weiter, doch 1971 zog auch hier der Kongress einen Schlussstrich unter das Vorhaben XM803 und ebnete den Weg zur Entwicklung des XM1, des späteren M1 Abrams. Dem KPz 70 blieb somit nur der Weg in die Museen. In der Wehrtechnischen Studiensammlung Koblenz sowie im Panzermuseum Munster befindet sich je ein Prototyp. Die amerikanischen Varianten befinden sich in Fort Knox, im Aberdeen Proving Ground »US Army Ordnance Museum« und im »Southern New England Military Museum«.

MBT 70 im US Army Ordnance Museum in Aberdeen. *(Foto: Mark Pellgrini, © CC-BY-SA)*

Leopard 2 A6M – seine enorme Beweglichkeit und Kraft entfaltet sich anschaulich im Gelände – ausdrucksstark, wendig und einschüchternd zugleich.

Das aktuelle Hauptwaffensystem der Panzertruppe aus der Sicht der Autorin.

Wirklich beschreiben kann man das aktuelle Hauptwaffensystem der Panzertruppe nur, wenn man selbst an Bord war und mit dem »Leoparden« Fahrt aufgenommen hat. Technische Detailinformationen gibt es bereits genügend, doch die »Fahrgefühldetails« finden sich auf keinem Werkspapier. Sein Sound ist unverkennbar satttönig, und seine enorme Beweglichkeit und Kraft entfaltet sich anschaulich in unwegsamem Gelände, wenn er Anlauf nimmt Richtung Gegner; revolutionär ausdrucksstark, wendig und einschüchternd zugleich. Geschmeidig wie die Raubkatze, nach der er benannt ist, geht dies mit leichtfüßiger Schnelligkeit vonstatten bei gleichzeitig hoher Durchsetzungsfähigkeit, die sich mit der neuen, verlängerten Kanone und den weiterentwickelten, noch leistungsfähigeren Geschossen deutlich erhöht hat. An Bord zu sein, verleiht einem ein sicheres Gefühl, denn unbeirrbar bewegt sich der Leopard 2 über Anstiege und durch Senken, gleich, ob er sandigen, geröllhaltigen oder wassergefüllten Boden unter den Ketten hat. Wohl keiner fährt mit ihm ohne Herzklopfen. Seine Silhouette, von außen betrachtet, macht ebenso sprachlos wie sein Innenleben, der Kampfraum, der den Bedienern bei optimalem Schutz einiges abverlangt. Wer mit diesem »Fahrzeug« jemals einige Kilometer zurückgelegt hat, der kann nicht umhin, sich eine gewisse Faszination einzugestehen. Technik und Fahrzeugarchitektur sind als Quell dieser Faszination völlig ausreichend, seine zweifelsfrei herausragenden Fähigkeiten als Waffensystem muss der Leopard gar nicht unter Beweis stellen, um den Betrachter nachhaltig zu beeindrucken.

Die Hauptwaffe des Leopard 2A6/2A6M (zukünftig mit 20 Exemplaren des 2A7 die einzig genutzten Leopard-Serien) ist eine 4,2 Tonnen schwere 120-Millimeter-RH-120-Glattrohrkanone mit Rauchabsauger, die von Hand geladen wird. Der Ladeschütze managt diese Arbeit weitaus besser und zuverlässiger als alle bisher bekannten vollautomatischen Ladesysteme. Aus Entfernungen von bis zu 4000 Metern kann die Besatzung jeden gegnerischen Panzer zerstören. Die Munition durchschlägt mühelos eine 80 Zentimeter dicke Panzerung. Von der des 2A5 unterscheidet sich diese Kanone durch die zusätzliche Länge von 1,30 Meter, was die Geschossgeschwindigkeit um etwa 200 km/h erhöht. Für die neue 120-mm-Glattrohrkanone L55 wurden die Rohr-Rücklaufbremse und die Schildzapfenlagerung verstärkt sowie die Feuerleit- und Waffennachführanlage angepasst, von der alten Serienwaffe L44 konnten das Wiegerohr, der Rauchabsauger, das Bodenstück und der Verschlusskeil übernommen werden. Vollständig erneuert wurden die Feldjustieranlage und die Rohrschutzhülle.

Munitionsarten

Für den Leopard 2 gibt es folgende Munitionsarten:

- KE-Gefechtsmunition (BW-Bezeichnung für »Kinetische Energie«), NATO-Bezeichnung »Armor Piercing Fin-Stabilized Discarding Sabot – Tracer« (APFSDS-T) – panzerbrechendes Wuchtgeschoss mit Treibkäfig und Leuchtspur. Heute noch angewendet: DM 33/A1/A2, DM 53/A1 (LKE II), DM 63 (LKE II).
- MZ-Gefechtsmunition (BW-Bezeichnung für »Mehr-Zweck-Munition«), NATO-Bezeichnung »High Explosive Anti Tank – Multi Purpose – Tracer« (HEAT-MP-T) – Hohlladungsmehrzweckgeschoss mit Leuchtspur gegen gehärtete und weiche Ziele: DM 12/A1.

Beide Geschossarten sind flügelstabilisiert. Alle Munitionssorten bestehen aus teilverbrennbaren Hülsen, gefertigt aus Zellulose, Nitrozellulose, Harz sowie stabilisierenden Zusätzen, die bei Verschuss nur den Hülsenboden aus Stahl hinterlassen.

- Übungsmunition für den scharfen Schuss. Damit die Ausbildung möglichst realitätsnah ablaufen kann, wird Übungsmunition benutzt. Im Vergleich zur Gefechtsmunition ist diese kostengünstiger, der Sicherheitsbereich ist geringer und die hinterlassenen Schäden sind weniger intensiv. Zu erkennen ist die Übungsmunition am lichtblauen statt dem schwarzem Gefechtskopf, ihre Bezeichnung lautet KE-Üb (DM 28/ DM 38) beziehungsweise MZ-Üb (DM18).
  Auf den ersten 2000 Metern entsprechen die außenballistischen Eigenschaften der Übungsmunition weitgehend denen der Gefechtsmunition, erst auf größere Distanzen gibt es rapide zunehmende Abweichungen. Der Sicherheitsbereich beträgt 22 Kilometer, mit verbesserter KE-Üb (APFSDS-T-TP, TP steht dabei für Target-Practice) liegt er bei 7,5 Kilometern. Die MZ-Üb (HEAT-T-TP) hat einen Betonkopf, um die Schäden im Zielgebiet und somit die Kosten zu reduzieren.
- Verbesserte Munition: Im Zuge der Kampfwertsteigerung des Leopard 2 zum 2A6 wurde leistungsgesteigerte KE (= LKE) I und II entwickelt. LKE I kommt nur international zum Einsatz, LKE II wurde als DM 53 und später als DM 63 realisiert. Der Pene-

Die Standard-KE (Kinetische Energie) DM 13 war bei Einführung die Hauptmunition zur Bekämpfung gepanzerter Ziele und optimiert für das Glattrohr.

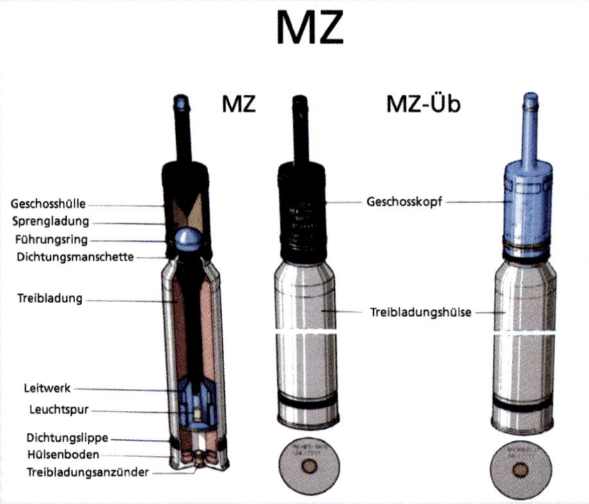

Die kombinierte Hohlladungs- (HEAT) und Sprengmunition (HE) DM 12 wurde als Mehrzweckmunition (MZ) genutzt. Da ihre Wirkung nicht mehr bedrohungsgerecht ist, soll sie durch die tempierbare HE-Patrone ersetzt werden. *(Foto: Rheinmetall)*

trator aus Wolfram durchschlägt auf große Entfernungen alle bekannten Schutzanordnungen.

Auf Grund der Verbesserungen bei der Schutztechnologie gegen Hohlladungsgeschosse entwickelte die Firma Rheinmetall ein HE-Geschoss (Sprenggranate, HE steht für High Explosive). Es soll die alte MZ-Munition bei der Bundeswehr ersetzen und die Wirksamkeit des Leopard 2 gegen Flächenziele, Lenkflugkörperstellungen hinter Deckungen (Tempierbarkeit) und in Unterständen, gegen Infanterie, Schützenpanzer, leichtgepanzerte Transportfahrzeuge und Stellungen in Gebäuden steigern.

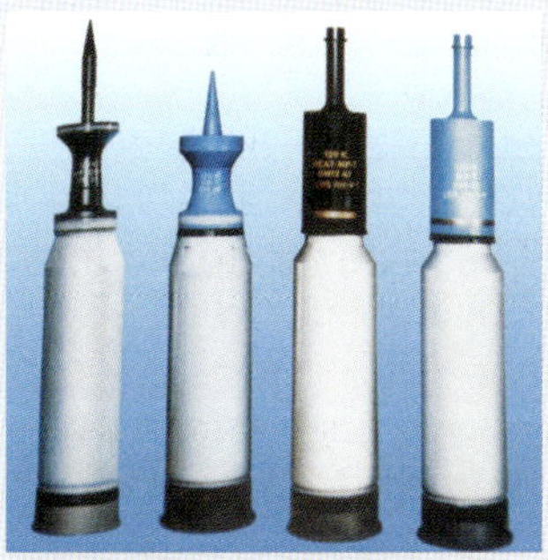

Die DM 33 (li.) als KE-Gefechtsmunition und die DM 12 als MZ-Gefechtsmunition sind seit Jahren Standardmunition. In Blau die entsprechende Üb-Munition DM 38 (li) und DM 18. *(Foto: Krauss-Maffei Wegmann)*

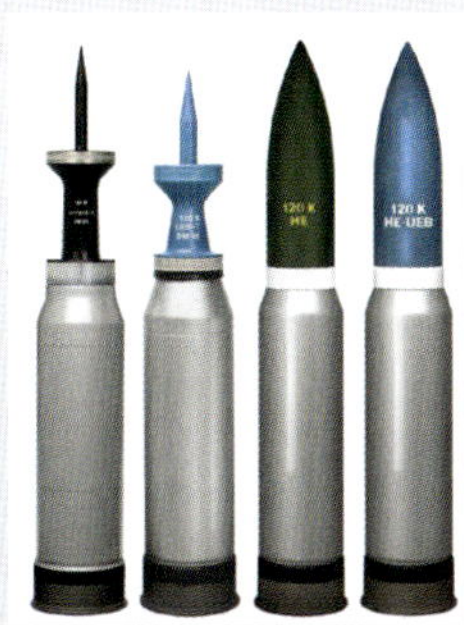

Zukünftige Standartmunitionspalette: KE (li.) und HE (re.) sowie die dazugehörigen blauen Übungsmunitionsarten. *(Foto: Krauss-Maffei Wegmann)*

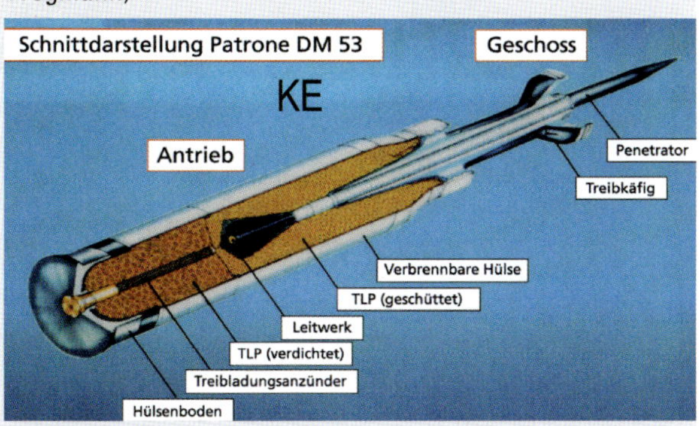

Leistungsgesteigerte KE DM 53.

Wer sich je in seinem Innern aufgehalten hat, weiß, dass der Leopard 2A6M seiner Besatzung einen bestmöglichen Schutz bietet, wenn die Panzertruppe auf dem Gefechtsfeld ihr Geschick unter Beweis stellen muss. Aus den Erfahrungen des vierten arabisch-israelischen Krieges (6. bis 26 Oktober 1973, Jom-Kippur-Krieg) zwischen Ägypten/Syrien und Israel heraus wurde der Panzerschutz des Leopard 2 gegenüber dem Leopard 1 entscheidend verbessert. Der Krieg zeigte auf, dass vor allem die Turmpanzerung eine Schwachstelle darstellte und auch der Wannenboden minensicherer gestaltet werden musste. Durch die Verbesserung des Schutzes stieg das Gesamtgewicht auf rund 55 Tonnen.

Die »Sieben-Millionen-Euro-High-Tech-Waffe«, wie sie gern und oft nicht ohne Skepsis bezüglich ihrer diskutierten Notwendigkeit genannt wird, ist vollbepackt mit Computern und modernster, in das Turmheck eingebetteter Elektronik. Hier befinden sich das »EMES 15«, die Hauptzieleinrichtung des KPzs, mit einem CE628-Laser-Entfernungsmesser von Zeiss-Eltro Optronic mit zwölffacher Vergrößerung, das GPS und das Wärmebildgerät mit vier- und zwölffacher Vergrößerungsstufe. Letzteres versetzte Ende der 70er-Jahre die Leopard-1-Panzermänner noch in unfassbares Staunen, weil mit diesem Gerät auch nachts mit entsprechender Optik sämtliche Ziele deutlich zu sehen waren. In Kombination mit den nachfolgend genannten Hauptbaugruppen bilden diese Geräte die bedienerfreundliche Feuerleitanlage (FLA) des Kampfpanzers:

- Hauptbeobachtungseinrichtung des Kommandanten: Rundblick-Periskop (PERI R 17). Es wird zum Beobachten, Aufnehmen und Identifizieren von Zielen, zur Feuerleitung sowie zum Richten, Zielen und Schießen genutzt. Das monokulare Beobachtungs- und Zielgerät mit eigenstabilisierter Visierlinie ist bei Tag und Nacht einsetzbar. Es verfügt über eine umschaltbare zwei- beziehungsweise achtfache Vergrößerung.
- Turmzielfernrohr (FERO Z18), ein monokulares Objektiv mit achtfacher Vergrößerung, achsparallel rechts neben der Kanone eingebaut. Wird auch bei Teilausfällen der Feuerleitanlage genutzt.

- Feuerleitrechner samt Sensoren.
- Elektrische Waffennachführanlage (E-WNA), welche die Waffe in der Betriebsstufe »STAB.EIN« den Visierlinien des Entfernungsmessers EMES und des PERI nachführt und Bewegungen, die auf Turm und Fahrgestell einwirken, automatisch kompensiert. War vor Einführung des Leopard 2A5 hydraulisch.
- Rechnergesteuertes Panzerprüfsystem (RPP 1-8), welches die Funktionsbereitschaft der Feuerleitanlage überwacht und Störungen bestimmter Turmbaugruppen anzeigt.
- Feldjustieranlage, ermöglicht eine schnelle Kontrolle der Justierung des EMES zur Kanone, gegebenenfalls eine Korrektur durch Nachführen der Visierlinie zur Kanone, um den Rohrdurchhang durch Erwärmung auszugleichen.
- Zentrallogik, in der die Verknüpfung aller Steuersignale für die Feuerleitanlage erfolgt, deren automatische Betriebsabläufe sie steuert. In der Hauptverteilung erfolgt die Verteilung der elektrischen Energieversorgung und deren Absicherung.

Doch nicht nur für Landstreifzüge ist der Leopard gerüstet: er kann auch »Wasser«. Beim Durchfahren von Gewässern wird zwischen Waten, Tiefwaten und Unterwasserfahrten unterschieden. Eine Wassertiefe von 0,80 bis 1,20 Meter bewältigt der Leopard 2 ohne Vorbereitung, ab 1,20 bis 2,25 Meter wird ein Tiefwatschacht aufgesetzt und die Tauchhydraulik eingeschaltet. Soll es in Flüssen oder kleinen Seen weiter runter in Wassertiefen bis zu vier Metern gehen, wird ein dreiteiliger Unterwasserfahrschacht verwendet.

Gesamtdarstellung des Leopard 2. *(Foto: Krauss-Maffei Wegmann)*

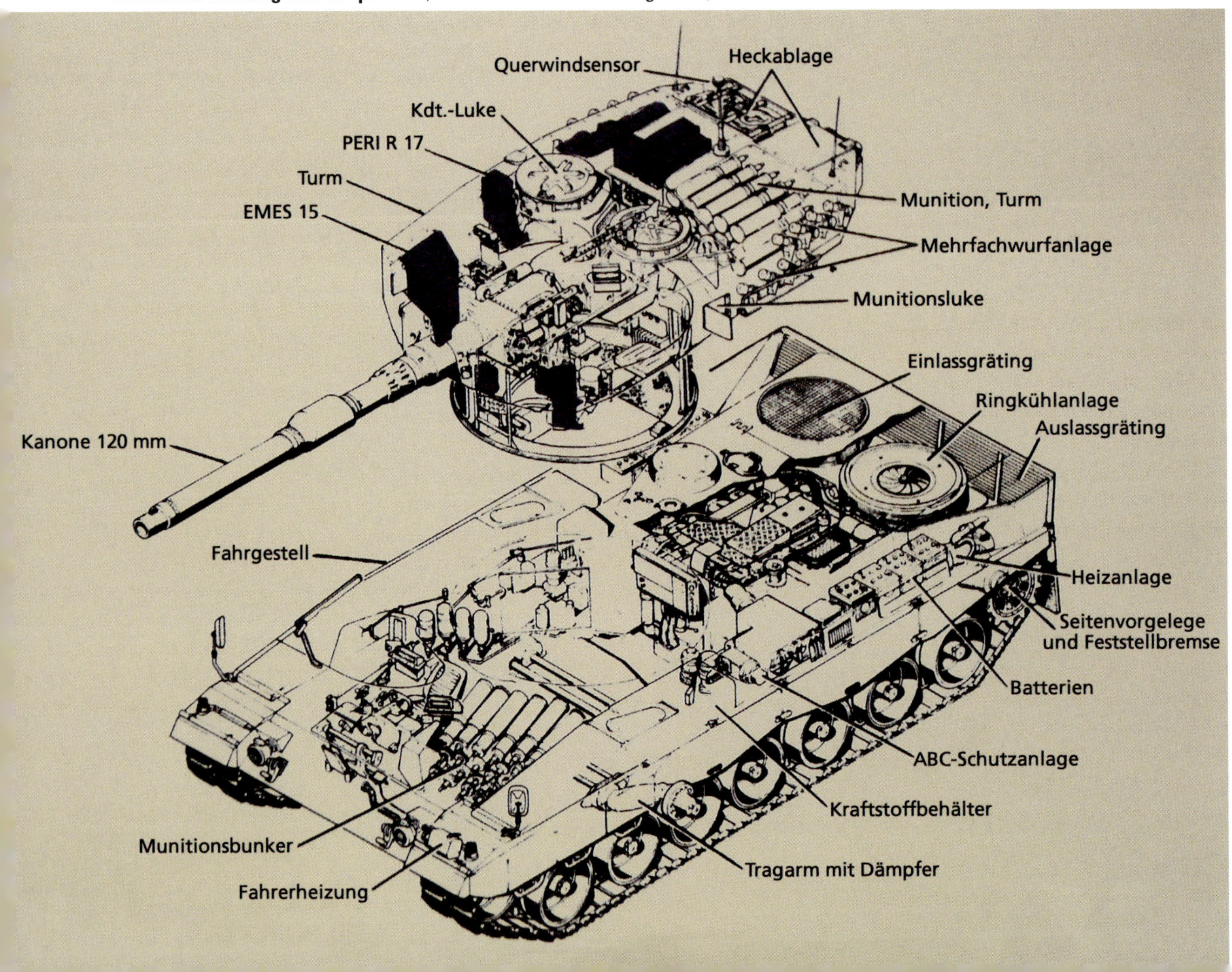

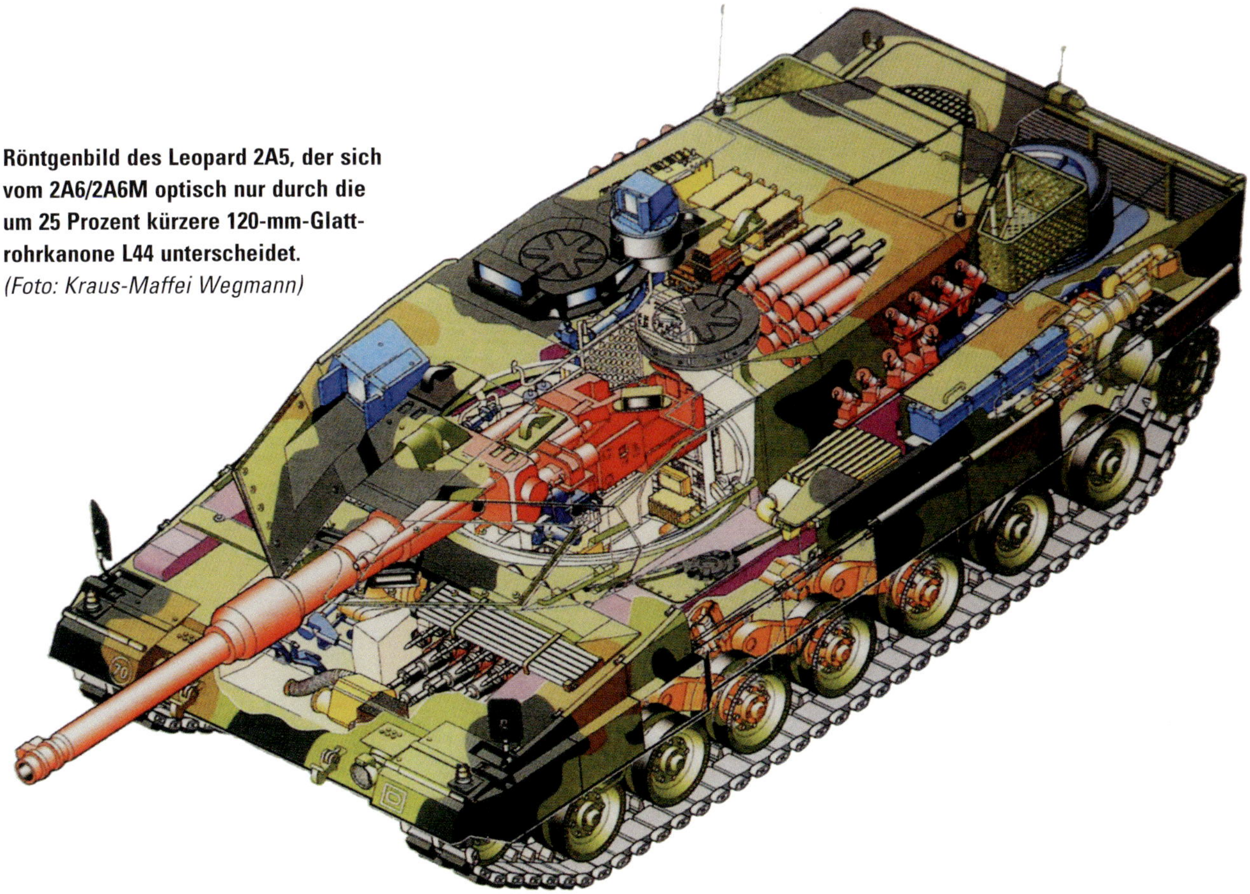

Röntgenbild des Leopard 2A5, der sich vom 2A6/2A6M optisch nur durch die um 25 Prozent kürzere 120-mm-Glattrohrkanone L44 unterscheidet.
(Foto: Kraus-Maffei Wegmann)

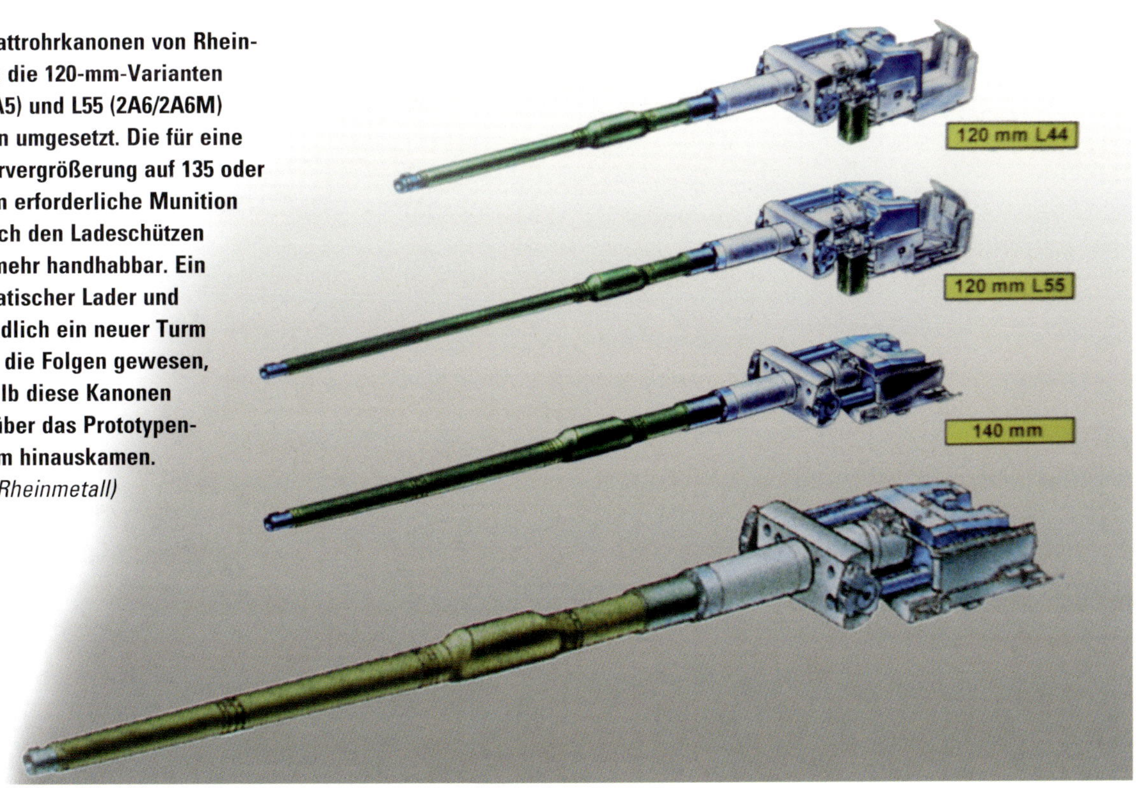

Die Glattrohrkanonen von Rheinmetall: die 120-mm-Varianten L44 (2A5) und L55 (2A6/2A6M) wurden umgesetzt. Die für eine Kalibervergrößerung auf 135 oder 140 mm erforderliche Munition ist durch den Ladeschützen nicht mehr handhabbar. Ein automatischer Lader und letztendlich ein neuer Turm wären die Folgen gewesen, weshalb diese Kanonen nicht über das Prototypenstadium hinauskamen.
(Foto: Rheinmetall)

Klar zum Tiefwaten mit dem Tiefwatschacht. Wird eingesetzt bei Wassertiefen von 1,20 bis 2,25 Meter. *(Foto: Björn Trotzki)*

Tiefwatfahrt. *(Foto: Björn Trotzki)*

Mit dem dreiteiligen Unterwasserfahrschacht können Wassertiefen von 2,25 bis 4 Meter durchfahren werden. *(Foto: Björn Trotzki)*

Tiefwatschacht und dreiteiliger Unterwasserfahrschacht im Größenvergleich. *(Foto: Björn Trotzki)*

Heil angekommen! Außen nass, innen trocken. *(Foto: Björn Trotzki)*

Der Leopard 2 ist ein Waffensystem, das – wie alle anderen Kampfpanzer auch – drei wesentliche Wirkungskomponenten als Markenzeichen in sich vereint: Mobilität, Panzerschutz und Feuerkraft. Diese drei Konstanten wurden im Laufe der Zeit durch technische Weiterentwicklungen stetig optimiert und den veränderten Bedrohungslagen angepasst. Die fortschreitenden Entwicklungen spiegeln sich in den jeweiligen Leopard-2-Mustern:

- AV – Prototyp des Leopard 2
- 2A0 – erste Serienversion
- 2A1 – Wärmebildgerät serienmäßig
- 2A2 – Nachrüstung aller 2A0 mit einem Wärmebildgerät/Bezeichnungsänderung in 2A2
- 2A3 – Einbau einer neuen Funkanlage SEM 80/90 (VHF)
- 2A4 – ab Baulos 5, digitaler ballistischer Rechner
- Truppenversuchsmuster
- 2A5 KWS II – ein Quantensprung. Ersatz der elektro-hydraulischen Richtanlage durch elektrische Richtantriebe, bessere Optiken, besserer Schutz bei gleichbleibender Leistung

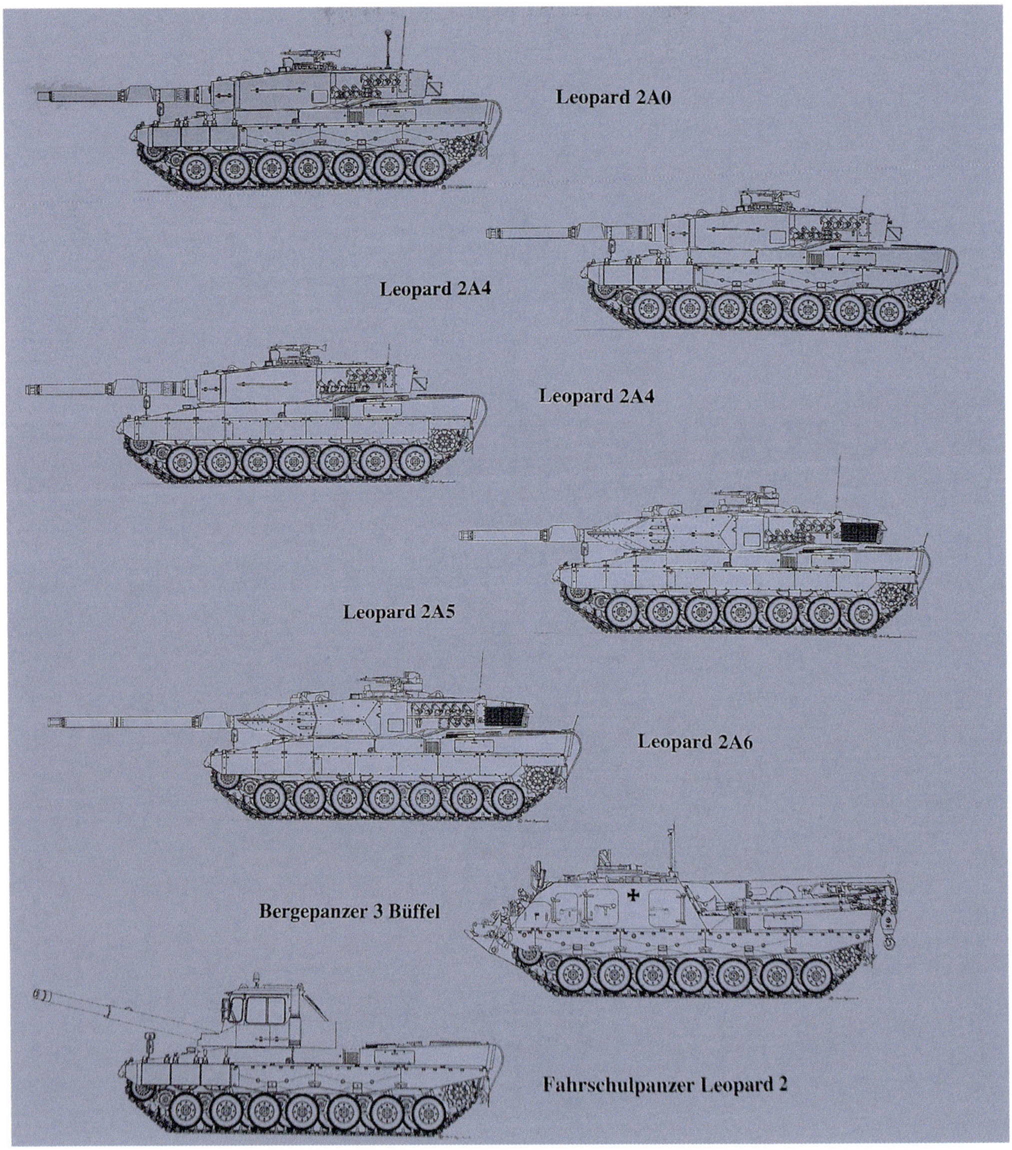

Die Leopardenfamilie, hier allerdings nicht maßstabsgetreu abgebildet. *(Foto: Archivbild)*

Der Leopard 2A6M ist zurzeit der modernste in der Bundeswehr eingeführte Leopard, auf seiner Basis wird kontinuierlich weitererprobt. 1977 von der Bundesregierung mit einer Stückzahl von 1800 bewilligt und so konzipiert, dass er in vorderster Front gegnerische Panzer bekämpfen kann, findet man den Leopard 2 heute auch in den Einsatzländern wieder. In Afghanistan wird er von dänischen (A5M) und kanadischen (A6M) Streitkräften genutzt. Dort hat sich der 2A6M auch in asymmetrischen Bedrohungslagen bewährt. Militärführung und Soldaten beider Länder loben den Kampfpanzer »Made in Germany« in höchsten Tönen. Beim Kampf im bebauten Gelände bietet er durch seine Panzerung und Bewaffnung Schutz sowie Feuerkraft für die mechanisierte Infanterie und begleitende Unterstützungseinheiten. Kanada, dessen Leopard-Besatzungen im niedersächsischen Munster ausgebildet wurden und das deutsche Exemplare least, entsandte erstmals im November 2006 eine kleine Einheit von 15 Leopard-1A5-Kampfpanzern ins südliche Afghanistan. »Dieser Panzer hat uns das Leben gerettet«, berichteten sie *WELT*-Online. Inzwischen wurde der durch den moderneren Leopard 2A6M abgelöst , der jetzt mit verbesserter Panzerung, dem Störsender gegen ferngezündete Sprengfallen, der hitzeabweisenden Oberfläche und – im Gegensatz zum Vorgängermodell – dem frei schwingenden Fahrersitz, der die Wucht einer Minenexplosion abfedern kann, zur schützenden Festung der Panzertruppe vor Ort wurde. Eine sogenannte »Käfigpanzerung« soll das Fahrzeug zudem vor Panzerfaust-Granaten schützen.

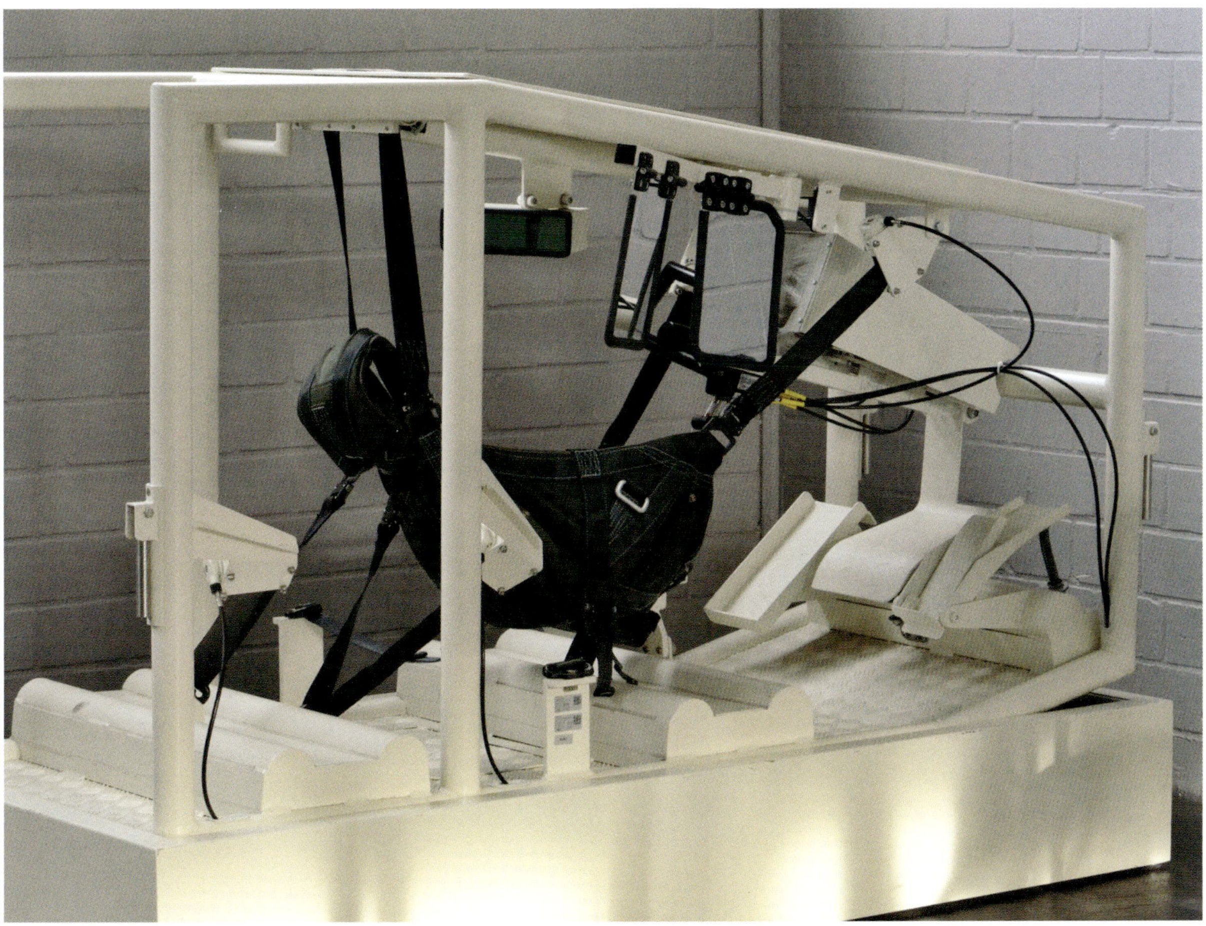

Der frei schwingende Fahrersitz kann die Wucht einer Minenexplosion abfedern.

Leopard 2 PSO (2A7+, 2A7)

Eine der modernsten Varianten des Leopard 2 stellt der Leopard 2A7+ dar; eine Machbarkeitsvariante der Firma Krauss-Maffei Wegmann (KMW), die sich im angefügten »Plus« ausdrückt und an modernste Anforderungen in asymmetrischen Bedrohungslagen angepasst wurde. Die zukünftige Konfiguration der Bundeswehr schreibt sich ohne +, bedingt durch die Komponenten-Individualität, welche sich vom Komplettpaket der Möglichkeiten unterscheidet. Der weiterentwickelte Leopard 2 mit PSO-Tauglichkeit (PSO = Peace Support Operations) bietet besonderen Schutz gegen Sprengfallen (IED) und RPGs (Panzerfaust russischer Bauart), wie sie zum Beispiel in Afghanistan verwendet werden.
Der Leopard 2A7 gilt als Brückenschlag für die Anforderungen an das neue Zielspektrum der Bedrohungslagen in urbanem Gelände, den sogenannten »MOUT-Einsätzen« (Military Operations in Urban Terrain). Anfangs von KMW als eigenes Angebot entwickelt, wurde die Studie PSO Leo 2 in Zusammenarbeit mit dem Ausbildungszentrum Panzertruppen in Munster weiterentwickelt, erprobt und verbessert. Der 2A7 eignet sich speziell für friedenssichernde und erhaltende Einsätze. Die komplette Ausstattung ist dabei modular und kann je nach Bedarf angepasst werden. Es gibt somit keine festgelegte Konfiguration.
Als Bewaffnung wurde bewusst auf die kurze L44-Glattrohr-Kanone gesetzt, da die längere L55 im bebauten Gelände hinderlich sein kann. Der 2A7 verfügt des Weiteren über die »Fernbedienbare Leichte Waffenstation« (FLW) 200 für 5,56- bis 12,7-mm-MG oder die 40-mm-Granatmaschinenwaffe.
Zur Räumung von Hindernissen und Barrikaden wurde der Kampfpanzer mit einem Räumschild ausgestattet. Um in allen Klimazonen, bei jeder Witterung und auch bei Nacht voll einsatzfähig zu sein, sind verbesserte Klimaanlagen »Kampfraumkühlanlage«, eine stärkere Stromversorgung (17-kW-Stromerzeuger), ein Wärmeschutznetz (HTR) und ein 360-Grad-Kamerasystem »Mini-Sight« von Carl Zeiss Optronics zur Rundumsicht sowie ein neues Wärmebildgerät der 3. Generation für den Kommandanten integriert worden. Hinzu kommt eine Brandunterdrückungsanlage, die Verlegung des Waffenkreisels zur Verbesserung der CO-Belastung und technische Änderun-

Die Silhouette des Leopard 2 PSO Demonstrators. Prädestiniert für MOUT-Einsätze (Military Operations in Urban Terrain). *(Foto: Björn Trotzki)*

gen am System, um die neue HE-Munition verschießen zu können. Da der Panzer im Kampf im urbanen Umfeld eng mit infanteristischen Truppenteilen zusammenarbeitet und diese bei ihren Aufgaben unterstützt, befindet sich eine von außen zugängliche Kommunikationsplattform (SOTAS IP) am Panzer, um sowohl die Kommunikation mit der Panzerbesatzung als auch die Kommunikation der Soldaten untereinander zu ermöglichen.
Zur Rüstungsmesse »Eurosatory 2010« präsentierte KMW ihre endgültige Modifikation anhand eines Fahrzeugs unter der Bezeichnung »Leopard 2A7+« und mit dem Werbeaufdruck »Entwickelt von KMW – getestet und abgenommen vom deutschen Bundesverteidigungsministerium (developed by KMW – tested and qualified by German MoD)«.
Weitere PSO-Projekte sind der

Leopard 2A6EX Demo 1 und Demo 2

Der 2A6EX ist eine privatwirtschaftliche Weiterentwicklung der Firma KMW. Als Basis diente ein Leopard 2A4 aus dem achten Baulos, den KMW 1998/1999 als Präsentationspanzer umbaute. Der als Demo 1 bezeichnete Kampfpanzer wurde mit zusätzlicher Wannen- und Turmpanzerung, Klimaanlage, Tipp-Visieren, hydraulischen Kettenspannern und einem Hilfsaggregat ausgestattet. Unter der Bezeichnung Demo 2 erhielt der Kampfpanzer eine Glattrohrkanone L55 und das Euro-Powerpack als Antrieb.

Leopard 2A4 Evolution

Unter der Bezeichnung »Leopard 2A4 Evolution« präsentierte die Firma IBD Deisenroth Engineering 2008 ihre »Variante IBD«. Dahinter verbarg sich ein Leopard, der mit einem mehrstufigen modularen System zur Panzerung und zum aktiven Schutz ausgestattet wurde, das auf einem eigens entwickelten Schutzkonzept für Kampfpanzer beruhte: »AMAP« (= Advanced Modular Armour Protection, zu deutsch: fortschrittlicher modularer Panzerschutz). Das System wurde vom deutschen Unternehmen IBD Deisenroth Engineering (Ingenieurbüro Deisenroth) entwickelt, das sich auf Schutzsystemen für militärische Fahrzeuge spezialisiert hat.

Die kurze L44-Glattrohr-Kanone und das Räumschild sind die auffälligsten äußeren Erkennungsmerkmale des Leopard 2 PSO. *(Foto: Björn Trotzki)*

FLW 200, »Fernbedienbare Leichte Waffenstation« von Kraus-Maffei Wegmann. *(Foto: Björn Trotzki)*

Die Politik hierzulande sieht die Entsendung von Leopard 2 aktuell als falsches Zeichen für die afghanische Bevölkerung seitens der BRD, hinzu komme noch »das für einen Panzer dieses Ausmaßes nicht ideale Gelände im Norden des Landes«, dem Stationierungsbereich der Deutschen. Inwieweit diese Haltung in Zukunft aufrechterhalten wird, steht in kontroverser Diskussion, denn der Tod deutscher Soldaten löste immer wieder Debatten über die Ausrüstung der Truppe in Afghanistan aus. FDP-Politiker Hellmut Georg Richard Königshaus, seit Mai 2010 Wehrbeauftragter des Deutschen Bundestages, tat dazu seine eigene Meinung kund: »Wer in das Kanonenrohr eines Leopard 2 schaut, überlegt es sich zweimal, ob er eine deutsche Patrouille angreift«.
Der erste Einsatz eines Leopard 2 der Bundeswehr erfolgte 1999 im Kosovo durch die Kräfte des PzBtl 214 aus Augustdorf. Insgesamt 28 Leopard 2A5 der Panzerbataillone 33 und 214, stationiert am Feldlager in Prizren, unterstützten damals die Mission KFOR durch Patrouillenfahrten und an Checkpoints sowie mobilen Observationpoints.

Knapp 50 Panzerbataillone des Heeres verfügten vor der Wiedervereinigung Deutschlands über mehr als 3000 Kampfpanzer. Heute sind es nur noch rund 125 Kampfpanzer des Typs Leopard 2A5 und rund 155 des Typs 2A6 sowie 70 des Typs 2A6M. Nach abgeschlossener Umstrukturierung zur Neuausrichtung der Bundeswehr werden sich nur noch 225 Leopard 2 in den Ausführungen 2A6 und 2A6M im Bestand der Bundeswehr befinden, die im Ausbildungszentrum Panzertruppen, im Gefechtsübungszentrum Heer (GÜZ) sowie bei den Panzerbataillonen eingesetzt werden. Eine Mischausstattung mit unterschiedlichen Rüstständen wird durch den Umbau der 2A5 vermieden. Des Weiteren werden 20 Leopard 2A7 zur Truppe gelangen.
17 weitere Länder haben den Leopard 2 bis dato in ihrem militärischen Bestand: Chile, Dänemark, Finnland, Griechenland, Kanada, Katar, Niederlande, Norwegen, Österreich, Polen, Portugal, Saudi-Arabien, Schweiz, Schweden, Singapur, Spanien, Türkei.

Fertig machen zum Triebwerkscheck: Die »Instandsetzer« warten ihren Leoparden in regelmäßigen Abständen.

Typenblatt Leopard 2A6/A6M	
Typ	Kampfpanzer mit selbsttragender Panzerwanne und geschweißtem Drehturm
Besatzung	4
Motor	MTU-Zwölfzylinder-Dieselmotor MB 873-Ka 501, FM-Bauart mit Ladeluftkühlung und zwei Abgasturboladern
Hubraum	47.600 cm^3
max. Drehzahl	2600/min
Leistung	1103,25 kW (1500 PS)
Kühlung	Flüssigkeits-Pumpen-Umlaufkühlung
Getriebe	Hydromechanisches Schalt-, Wende- und Lenkgetriebe HSWL 354 mit kombinierter hydrodynamisch-mechanischer Betriebsbremse, 4 Vorwärts-, 2 Rückwärtsgänge
Fahrwerk	drehstabgefedertes Stützrollenlaufwerk mit Lamellendämpfern und hydraulischen Endanschlagsdämpfern
Länge über alles	10.970 mm (mit Bordkanone auf 12 Uhr)
Breite über alles	3760 mm
Höhe über alles	3030 mm
Bodenfreiheit	540 mm, nach hinten auf 490 mm abfallend (A6M: 450 mm)
Watfähigkeit ohne Aufbau	1200 mm
Watfähigkeit mit Tiefwat-Schacht	2250 mm
max. Tiefe Unterwasserfahrten	4000 mm
Grabenüberschreitfähigkeit	3000 mm
Kletterfähigkeit	1100 mm
Steigfähigkeit	60 %
max. Querneigung	30 %
Leergewicht	57.600 kg (A6M: 60.200 kg)
Gefechtsgewicht	59.900 kg (A6M: 62.500 kg)
Höchstgeschwindigkeit	68 km/h; rückwärts 31 km/h
Kraftstoffmenge	1160 Liter (im Frieden auf 900 Liter begrenzt)
Kraftstoffverbrauch*	Straße: ~340 l / 100 km, Gelände: ~ 530 l / 100 km, Mittel: ~ 410 l / 100 km, Standlauf: 12,5 l/h
Fahrbereich*	Straße: ~ 340 km, Gelände: ~ 220 km, Mittel: ~ 280 km, Standlauf: 72/93 Stunden (bei 900/1160 Liter Kraftstoffmenge)
Bewaffnung	Rheinmetall 120-mm-Glattrohrkanone L/55, 2 Maschinengewehre
Munition	42 Schuss (Standard: 30 Wucht-, 12 Mehrzweckgeschosse)
Turmgewicht	21 t
Richten des Turms	360° in 9 Sekunden (elektrisch)
weitere Fahrzeuge auf Leopardbasis in der Bundeswehr	Bergepanzer Büffel (BPz 3), Fahrschulpanzer Leopard 2, Panzerhaubitze 2000 (nur Laufrollen)

* nach Hersteller-Angaben

Die Daten des Leopard 2A5 weichen in folgenden Punkten von denen in obiger Tabelle ab: Die Rheinmetall 120-mm-Glattrohrkanone ist vom Typ L/44, weshalb sich die »Länge über alles« (mit Bordkanone auf 12 Uhr) auf 9670 mm reduziert und die »Höhe über alles« auf 2990 mm. Das Leergewicht des 2A5 beträgt 57.300 kg und das Gefechtsgewicht 59.500 kg.

Das gigantische Triebwerk des Leopard 2. Links im Bild der MTU-Zwölfzylinder-Dieselmotor. Seitlich befinden sich die rechteckigen Luftfilter; rechts die Ringkühler, unter denen sich das Getriebe befindet. Die rote Dichtlippe trennt bei Unterwasserfahrten und eingeschalteter Tauchhydraulik den trockenen vorderen Teil vom gefluteten hinteren.

Vorbereiten für das Herausnehmen.

Mit dem Hubgeschirr wird das Triebwerk gezogen.

Das Herzstück des Leoparden: Rechts unten das Getriebe mit der Antriebswelle, links der verdeckte Motorblock.

Reinigen der Triebwerkwanne.

Im Schadensfall kann das Kompakttriebwerk durch Lösen von Schnellverschlüssen innerhalb weniger Minuten gezogen und ausgetauscht werden.

Das »Ausbildungszentrum Panzertruppen«

Ein Panzergefecht dirigieren kann nur, wer weiß was zu tun ist. Das Ausbildungszentrum Panzertruppen lehrt Dirigenten den richtigen Takt.

Der Stammsitz der Panzertruppe genießt eine lange Tradition. Bereits 1891 begann das preußische Kriegsministerium, Heide- und Moorflächen zwischen Munster, Reiningen und Wietzendorf aufzukaufen und einen Truppenübungsplatz samt Truppenlager anzulegen. Die erste Belegung des Lagers erfolgte im Juni 1893 durch das Oldenburgische Infanterie-Regiment Nr. 91, dessen Kommandeur kein geringerer als Oberst Paul von Hindenburg war, Namenspate des Luftschiffs und des Sylter Damms, zahlreicher Schiffe, Brücken, Plätze und Parks.

Um die Jahrhundertwende des 20. Jahrhunderts wurden am Truppenübungsplatz unter anderem Truppenteile für die deutschen Kolonien in Afrika und für die Bekämpfung des Boxeraufstandes in

Barettabzeichen der Panzertruppe. *(Foto: Archivbild)*

Verbandsabzeichen der ehemaligen Panzertruppenschule. Schwarz-Weiß: Internes Verbandsabzeichen Ausbildungszentrum Panzertruppen. Die Rückkehr des Wolfes nach etwa 200 Jahren ist die Sensation am Truppenübungsplatz Munster. *(Foto: Archivbild/Rudolph)*

Das Oldenburgische Infanterie-Regiment Nr. 91 bezieht 1893 als erstes das Truppenlager Munster. *(Foto: Archivbild)*

China aufgestellt, der sich gegen den europäischen, nordamerikanischen und japanischen Imperialismus richtete. Truppenübungsplatz und Truppenlager wurden seither durchgehend genutzt, auch während der beiden Weltkriege. Mit der Aufstellung der 1955 neu gegründeten Bundeswehr behielt Munster auch weiterhin seine militärische Bedeutung.

- Mit dem Aufstellungsbefehl Nr. 9 des Heeres vom 22. März 1956 wird die Aufstellung »Truppenschule gepanzerter Kampftruppen« angeordnet und Munster Standort für diese wesentliche militärische Einrichtung.
- Fast zeitgleich entstanden die Truppenübungsplatzkommandantur, die Standortverwaltung, die Panzerlehrbrigade 9 mit der Panzergrenadierschule, dem Panzerlehrbataillon und dem Panzergrenadierlehrbataillon, die Erprobungsstelle 53 (heute Wehrwissenschaftliches Institut für Schutztechnologien/ABC-Schutz) sowie andere Einheiten und Dienststellen.
- Die Schulen der Panzer- und der Panzergrenadiertruppe bildeten ab 1. Oktober 1957 die »Panzertruppenschule«, die 1963 den Namen »Kampftruppenschule 2« erhielt und ab 1. Oktober 1975, nachdem die Fachschule des Heeres für Erziehung hinzukam, in »Kampftruppenschule 2 und Fachschule des Heeres für Erziehung« umbenannt wurde. Nach deren Ausgliederung fiel das Namensanhängsel wieder weg.
- Als Anerkennung für geleistete Arbeit wurde der Schule am 13. November 1978 die »Medaille des Heeres« verliehen.
- Ab September 1991 erhielt die Schule in Fortführung der Tradition und im Gedenken an die Gründerväter aus dem Jahre 1956 erneut den Namen »Panzertruppenschule«.
- Im Rahmen der Transformation der Bundeswehr wurde ab 1. Oktober 2007 das »Ausbildungszentrum Panzertruppen« (AusbZ PzTr) aufgestellt (der Traditionsname »Panzertruppenschule« wurde inoffiziell beibehalten), das die Aufgaben der unter das Heeresamt unterstellten Panzertruppenschule übernahm. Eine Ausnahme bildet die aufklärungsspezifische Ausbildung der Panzeraufklärer,

die bisher in die Truppenschule integriert war. Die in die Heeresaufklärungstruppe überführte, ehemals zu den Gepanzerten Kampftruppen gehörende Panzeraufklärungstruppe wird seitdem am »Ausbildungszentrum Heeresaufklärungstruppe« ausgebildet.

- Der Kommandeur der Panzertruppenschule, im Rang eines Brigadegenerals, nimmt traditionell auch die Aufgabe als General der Panzertruppen wahr. In der aktuellen Gliederung ist er der Kommandeur des Ausbildungszentrums Munster, der zentralen Ausbildungseinrichtung für die Panzertruppen (Panzer- und Panzergrenadiertruppe) und der Heeresaufklärungstruppe.

Munster selbst, im niedersächsischen Heidekreis gelegen, entwickelte sich ab 1990 zur größten Garnison im vereinigten Deutschland und ist heute umgeben von den Truppenübungsplätzen Munster-Süd und Munster-Nord, die einzigartige Übungsmöglichkeiten bieten. Beide Plätze erzählen durch ihre Spuren aus der Vergangenheit spannende Geschichten, die während der militärischen Nutzung des Übungsgeländes oft übersehen werden. Im Süden steht als einziges Zeugnis des untergegangenen Dorfes Sültingen dessen Mühle, die jährlich noch rund 8700 kW in das Stromnetz einspeist. Im Norden stößt man auf das Örtchen Lopau mit seinen erhaltenen Fachwerkgebäuden, dessen Bewohner Anfang der 1980er-Jahre für den Bau der Schießbahn 7 umgesiedelt wurden. Im Jahr 2012 kamen auch noch die Wölfe hinzu, gesichtet durch einen Soldaten, den während des Nachtmarsches drei Wölfe ein Stück seines Weges begleiteten. Blieb der Soldat stehen, stoppten auch die Wölfe, ging er weiter, liefen sie ihm wieder hinterher. Eine Sensation auf dem Truppenübungsplatz, denn es ist Wolfsexperten zufolge der erste menschliche Kontakt mit Wölfen in Niedersachsen seit etwa 200 Jahren. Seit dieser Begegnung werden Soldaten, die sich in den Weiten des Truppenübungsplatzes Munster aufhalten, über das Verhalten gegenüber Wölfen belehrt. Allerdings hat die Bundeswehr bereits in früheren Jahren Erfahrungen im »Zusammenleben« mit Wölfen gesammelt, so auf den Truppenübungsplätzen Oberlausitz (Brandenburg) und Klietz (Sachsen-Anhalt).

Am Ausbildungszentrum Panzertruppen werden aktuell nicht Besatzungen der Panzertruppen geschult, wie oft fälschlicherweise angenommen wird, sondern ausschließlich der Führungsnachwuchs in lehrgangsgebundenen Ausbildungen auf seine Aufgaben als militärische Führer, Ausbilder und Erzieher vorbereitet und weitergebildet. Die hohe Auslastung der Ausbildungseinrichtung resultiert nicht nur aus dem nationalen Ausbildungsbedarf, sondern auch aus multinationalen Trainings wie der Ausbildung des ORF-Bataillons (ORF = Operational Reserve Forces) oder von Kompanien der EU-Battle Group.
Ein wichtiger Bestandteil des Ausbildungszentrums Panzertruppen ist auch das Schießübungszentrum Panzertruppen (SchÜbZ PzTr), eine zentrale Ausbildungseinrichtung des Heeres. Hier konzentriert man sich auf das Ausbilden des Kompaniechefs und des Zugführers im Gefecht der Panzertruppe (Leadershiptraining). Dafür üben jeweils zwei Kompanien zeitgleich, mit dem »Ausbildungsgerät Duellsimulator« (AG-

Taktik braucht Übung. Der Sandkasten avanciert zum Schachbrett, auf dem mit scharfsinnigem Kalkül die gegnerischen und auch die eigenen Möglichkeiten sondiert werden.

Ausbildungszentrum Panzertruppen (AusbZ PzTr) – Bereich Lehre und Lehrgänge

Am Ausbildungszentrum Panzertruppen findet die lehrgangsgebundene Ausbildung für die Feldwebel und Offiziere der Panzer- und Panzergrenadiertruppe statt. Darüber hinaus werden hier allgemeinmilitärische Laufbahnlehrgänge im Rahmen der Unteroffizier- und Feldwebelausbildung sowie der Reservistenausbildung (Offiziere/Feldwebel/Unteroffiziere) abgehalten.
Dabei werden die Führungsebenen vom Truppführer/Panzerkommandant bis zum Bataillonskommandeur ausgebildet. Der inhaltliche Schwerpunkt der Ausbildung ist der Einsatzführer, der Erzieher und Ausbilder in der Truppe an den Waffensystemen und beim Schießen bis hin zum Schießlehrer. Die Lehrgangsteilnehmer werden entsprechend ihrer Ausbildungshöhe in Methodik und Didaktik, Menschenführung und Wehrrecht unterrichtet.
Ebenfalls zum Aufgabenspektrum des Zentrums gehört die Ausbildungsunterstützung für ausländische Streitkräfte aus dem Bereich der NATO und befreundeter Staaten. Wie die deutschen Lehrgangsteilnehmer werden diese an dem Großgerät der Panzertruppen ausgebildet.

Der Ausbildungsstützpunkt SIRA

Das »Simulationssystem zur Unterstützung von Rahmenübungen« (SIRA), ein computergestütztes Ausbildungsmittel, ermöglicht die intensive und einsatznahe Ausbildung von Bataillonsstäben aller Truppengattungen in allen nur denkbaren Einsatzszenarien von Stabilisierungsoperationen bis hin zum Gefecht hoher Intensität. Ziel ist es, Führungsverfahren zur Beurteilung von Lagen, Entschlussfassungen und Befehlsgebungen unter Führung des Gefechts zu trainieren. Dazu können im Simulationssystem auch die Beschaffenheit von Gelände, Wetterbedingungen, Fahrzeuge und Bewaffnung realitätsnah voreingestellt werden.
Am Ausbildungszentrum Munster wird SIRA in der lehrgangsgebundenen Ausbildung (z. B. im KpChef- und im BtlKdr-Lehrgang) genutzt, steht jedoch auch allen Truppenteilen und Einsatzverbänden zur Truppenausbildung und Einsatzvorbereitung zur Verfügung.
Durch die enge Zusammenarbeit mit dem Bundesamt für Bevölkerungsschutz und Katastrophenhilfe (BBK) sowie der Akademie für Krisenmanagement, Notfallplanung und Zivilschutz (AKNZ), welche die gleiche Software nutzen, können aktuell auch zivile Hilfskräfte in der Simulation im Umgang mit Natur- und Umweltkatastrophen im In- und Ausland geschult werden. Diese neue Fähigkeit ermöglicht ein intensives Üben der Zusammenarbeit mit zivilen Hilfsorganisationen. Auch Katastrophenszenarien im erweiterten Aufgabenspektrum der Streitkräfte lassen sich darstellen, die im Rahmen der einsatzvorbereitenden Ausbildung von Einsatzkontingenten genutzt werden. Realistische Szenarien verlangen von den Übungsstäben, Entschlüsse zu fassen, entsprechende Befehle zu geben und Maßnahmen einzuleiten.
Schwachstellen des Soldaten werden anhand von Aufzeichnungen des Funkverkehrs, Videos und Bildern analysiert, jeder Mausklick kann nachvollzogen werden und so als Grundlage für Verbesserungsvorschläge dienen. Nach einer Woche »SIRA« haben Offiziere und Feldwebel vielfältige Erfahrungen in Sachen Taktik gesammelt, ohne dass übermäßig peripheres Personal hätte herangezogen werden müssen.

DUS) im Gelände, zuerst auf Zug-, dann auf Kompanieebene. Im Mittelpunkt des Schießübungszentrums Panzertruppen steht das Führungskönnen und -verhalten der Kompaniechefs und deren Teileinheitsführer.

500 Soldaten trainieren dann zwei Wochen lang in zwölf Durchgängen pro Jahr auf Deutschlands größtem Übungsplatz. Mit dabei: 40 Gefechtsfahrzeuge und 30 Unterstützer. Hier wird das Zusammenwirken aller Kräfte im scharfen Schuss

so realitätsnah wie möglich geübt. Nur hier kann die Bedrohung aus allen Richtungen, auch 360-Grad-Bedrohung genannt, geübt werden.
Der Bereich »Weiterentwicklung« ist der konzeptionelle Arbeitsmuskel des Generals der Panzertruppen. Er ist verantwortlich für die konzeptionelle Weiterentwicklung der Panzertruppen in allen Bereichen, auch für das Er- und Bearbeiten von Ausbildungsgrundlagen für die Truppengattung. In der neuen Struktur »Heer 2011« wird dieser Bereich ab 2013 im »Kommando Heeresentwicklung« aufgehen. Auch die Ausbildungsbereiche, welche für die Unteroffizier- und Feldwebelanwärter zuständig waren, werden 2014 aufgelöst und nachfolgend im Munster unterstellten neu aufzustellenden Feldwebelanwärterbataillon 2 in Celle wahrgenommen. Abschließend werden der Ausbildungsstützpunkt SIRA sowie das dann drei Kompanien umfassende Offizieranwärterbataillon 1 dem Ausbildungsbereich Panzertruppen zum 1. Januar 2015 unterstellt. Das sorgt für viel Bewegung. Trotz Umgliederungen, Auflösungen, Neuaufstellungen, Verlegungen und Zustationierungen in der Kaserne Panzertruppenschule und am Standort Munster jedoch wird der Ausbildungsbereich die »Alma Mater« der Panzertruppen und der gepanzerten Kampftruppe bleiben.

Deutsches Panzermuseum Munster

Begonnen hatte alles mit wenigen Sammlerstücken, die der Kampftruppenschule gestiftet wurden. Aus einem Räumchen in dem die Exponate zu besichtigen waren, wurden Räume. Nachdem der Bundesverteidigungsminister 1972 die offizielle Etablierung einer Lehrsammlung genehmigte, wurde durchgestartet. Am 2. Juli 1982 war es dann so weit: Das Bundesministerium für Verteidigung stimmte dem gemeinsamen Antrag des Kommandeurs der Kampftruppenschule und des Generals der Panzertruppen sowie des Bürgermeisters der Stadt Munster zu, die Lehrsammlung der Kampftruppenschule 2 in ein öffentliches Panzermuseum der Stadt Munster zu überführen. Die Lehrsammlung, deren Sinn in der Ausbildungsunterstützung liegt, blieb dabei als Institution erhalten. Ihre Exponate wurden lediglich öffentlich zugänglich gemacht und bilden damit den Hauptteil der Ausstellung.
Das Museum ist eine gemeinsame Einrichtung der Stadt Munster und des Ausbildungszentrums Munster der Bundeswehr. Es zeigt die Entwicklung der Truppengattungen der deutschen Panzertruppen von 1917 bis in die Gegenwart als Teil der gesamten deutschen Geschichte. Diese Entwicklung dokumentieren beispielhaft Fahrzeuge, Waffen, Ausrüstung, Uniformen, Dokumente und Orden der deutschen gepanzerten Kampftruppen.
Die Dauerausstellung ist inhaltlich und räumlich in Epochen gegliedert und lockt jedes Jahr rund 80.000 faszinierte Besucher an.

Im Deutschen Panzermuseum Munster finden sich gesammelte Schätze der Geschichte des Panzers und seiner Besatzungen.

Die Kommandantenausbildung

Kommandieren bedeutet:
Kameraden verantwortungsvoll leiten.
Das erfordert nicht nur Erfahrung und Mut,
sondern auch ein Gespür für Mensch und Waffensystem.

Das Hauptwaffensystem Leopard 2 der Panzertruppe wird erst durch seine vierköpfige Besatzung zur gefährlichen Waffe für potenzielle Gegner. Sie steuert, sie feuert und sie taktiert. Doch das gelingt zielführend nicht im Alleingang, sondern gemeinsam im Gefecht der verbundenen Waffen. Einem Zusammenspiel also, das vom Kommandanten verlangt, beim Führen des eigenen Kampfpanzers die anderen »Fahrzeuge« und Truppengattungen (Panzergrenadiere, Panzerpioniere, Artillerie, Spähtrupp, usw.) nicht aus dem Blick zu verlieren. Er soll also letztlich als eine Art »Konzertmeister« agieren, der den Taktstock schwingt, um das Zusammenspiel der ihm zur Verfügung stehenden Instrumente zu synchronisieren.

Im Ausbildungszentrum Panzertruppen in Munster werden angehende Kommandanten fast drei Monate lang in allen erforderlichen Bereichen trainiert; Panzerfeldwebel bei Bedarf bis zur Zug-Ebene und Offiziere bis zur Kompanie- und Bataillonsebene.

Ausbildungsdauer am Ausbildungszentrum Panzertruppenschule für Unteroffiziere mit Portepee und Offiziere

Feldwebel:	Die Gesamtausbildungsdauer zum Panzerkommandanten kann bis zu drei Jahre beanspruchen
Zugführer:	Zugführerlehrgang acht Wochen, Schießlehrer BK 120 mm vier Wochen (erst ab Dienstgrad Hauptfeldwebel und mindestens 10 Dienstjahre, obligatorisch für alle Offiziere)
Offiziere:	Ausbildung und Praktika 39 Monate, Studium Diplom 39 Monate, Master-Ebene 48 Monate

Der Kommandant beherrscht auch die Aufgaben des Panzerfahrers, des Lade- und des Richtschützen. Nur so kann er seine Crew und externe Unterstützer professionell und verantwortungsbewusst durchs Gefecht führen. Als »Chef« ist er das Rückgrat seiner Besatzung, muss stets wissen, was zu tun ist. Das bedeutet nicht nur zu führen, sondern beispielsweise auch angesichts von (Teil-)Ausfällen des hochkomplexen Systems Leopard 2 die richtigen Schlussfolgerungen zu ziehen und entsprechende Entscheidungen zu treffen. Sein Blick beobachtet ständig durch verschiedene Optiken und über die Luke zur Zielaufklärung das Gefechtsfeld. Zusätzlich muss er Verbindung halten zum Gruppenführer (neu: 2 Kpz = Panzergruppe), Meldungen über Funk abgeben, den Feuerkampf führen, Befehle erteilen und vieles mehr. Keine Position für Zauderer und Leute mit schwachen Nerven.

Die komplette Besatzung rund um den Kommandanten übt das Zusammenspiel wochenlang im Trockentraining am sogenannten Turm-Trainer. In dieser Anlage sind alle erforderlichen Komponenten vorhanden, um für den Kommandanten, den Richt- und den Ladeschützen eine realitätsnahe Umgebung zu schaffen. So verfügt sie beispielsweise über einen voll funktionsfähigen Waffensimulator mit wiederverwendbarer Übungsmunition. Dabei kann der Ausbilder beliebige Funktionsstörungen simulieren

Im Turm-Trainer sind alle Originalkomponenten des echten Leopardturmes vorhanden, um sämtliche Besatzungsmitglieder aus- und weiterzubilden.

Der Kommandant sitzt oben. Im unteren Bereich ist der Richtschütze. Während der Kommandantenausbildung wechseln beide oft ihre Positionen, um die eng miteinander verknüpften Aufgabengebiete zu beherrschen.

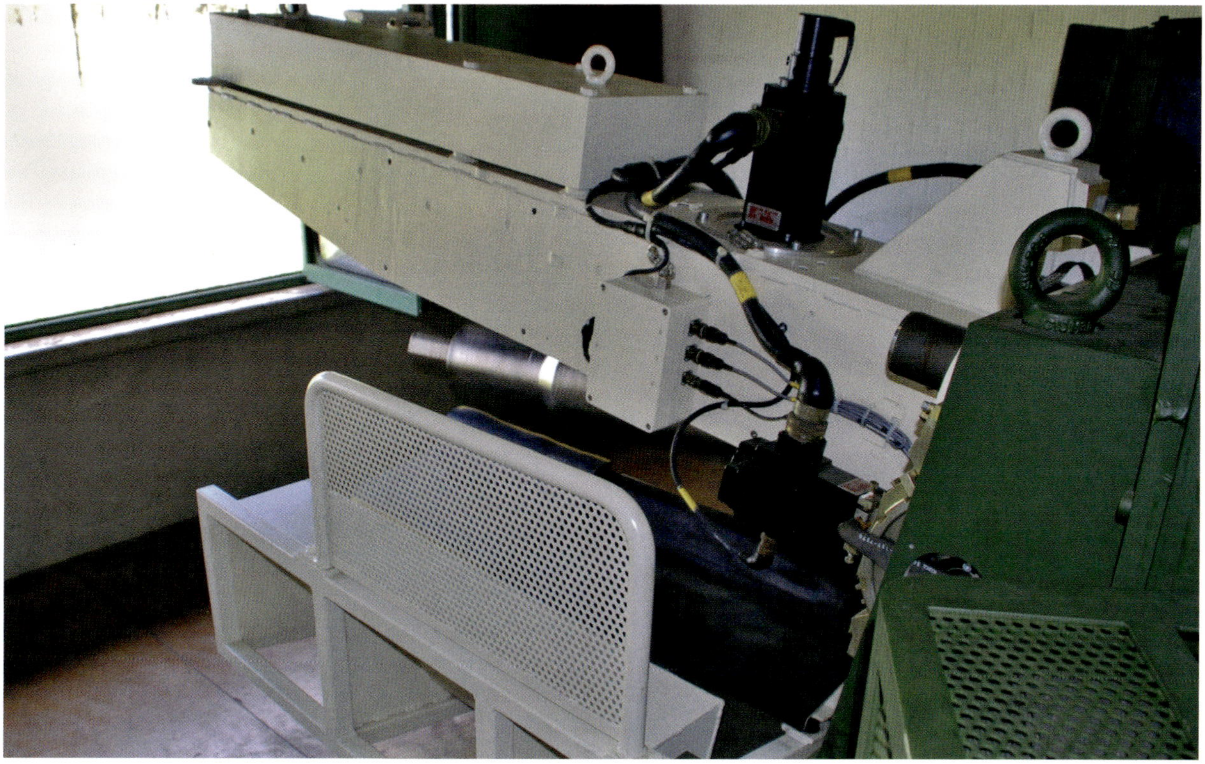

Der Turm-Trainer enthält einen voll funktionsfähigen Waffensimulator.

Der Turm-Trainer »Ausbildungsanlage Turm« (AAT)

Der Turm-Trainer, der nicht nur am Ausbildungszentrum Panzertruppen, sondern auch in den Bataillonen fest installiert ist, enthält einen voll funktionsfähigen Waffensimulator mit wiederverwendbarer Übungsmunition (Exerziermunition), um den Kommandanten, den Richt- und den Ladeschützen als Besatzung aus- und weiterzubilden. Der Ausbilder hat die Möglichkeit, zwischen funktionsfähigem Betrieb und beliebigen Funktionsstörungen zu wählen.
Optimiert für die Schieß- und Gefechtsausbildung, dient die Ausbildungsanlage beispielsweise

- der Erst-, Wiederholungs- und Drillausbildung,
- dem Einstudieren von Notfallverfahren im Notbetrieb,
- dem Kennenlernen von Waffenfunktionsstörungen,
- der Ausbildung im Beheben von Störungen,
- der vorbereitenden Schießausbildung mittels eines kleines Zielfeldes und
- der Schießausbildung der Besatzung auf beliebige Ziele.

Anfänglich wird in der höchsten Betriebsstufe geübt. Der Leopard ist hier noch ein Powerpaket; voll funktionsfähig. Allmählich jedoch wird ihm die Kraft genommen, bis hin zum »Turm Aus«. Eine Situation, in der bei ausgefallenen Computersystemen ohne Technik gefeuert und gekämpft werden muss. Kommandant und Richtschütze überwachen das Gefechtsfeld gemeinsam im ständigen Wechsel ihrer Positionen.

Die erlernten Fähigkeiten gilt es dann im »Ausbildungsgerät Gefechtssimulator Panzertruppe« (AGPT), von den Soldaten auch »Sim-City« genannt, unter Beweis zu stellen. Dort bewertet der Ausbilder, der das Geschehen im Nebenraum über Großbildschirme verfolgt, das Verhalten der Besatzung im simulierten Gefecht, wobei er unterschiedliche Schwierigkeitsgrade einspielt und die Soldaten auf Eventualfälle drillt.

Ausbildungsgerät Gefechtssimulator Panzertruppe (AGPT)

Wird zur Truppenausbildung der Besatzungen des Kampfpanzers Leopard 2 A5/A6 eingesetzt. Ziel der Ausbildung ist es, die Zusammenarbeit der Panzerbesatzungen und ihre Integration in den Ausbildungsverbund für den Panzerzug zu fördern und die Leistungsfähigkeit einer eingespielten Besatzung einschließlich der Waffensysteme zu optimieren.
Ausbildungsschwerpunkte:

- Einzel- sowie Zugausbildung in einem simulierten freien Gelände mit realistischer Zieldarstellung (Verhalten und Waffenwirkung).
- Bedrohungsgerechte Ausbildung der KPz-Besatzungen unter gefechtsmäßigen Bedingungen.
- Ausbildungen im Zusammenwirken mit anderen Kampf- und Kampfunterstützungstruppen.
- Ausbildung im Gefecht der verbundenen Waffen.

Doch Simulatoren allein können die Praxis nicht ersetzen. Draußen im sandigen Übungsgelände ist Panzerfahren für die Besatzung mehr als nur ein Job. Für viele ist es schlicht »ihr Ding, einfach unbeschreiblich«, Gänsehautgefühl inklusive. Und das jedes Mal aufs Neue, sobald sich der Leopard in Bewegung setzt. Dass es kein Spiel ist, bemerkt man an der Ernsthaftigkeit, die den Panzersoldaten eigen ist und die mit dazu beiträgt, dass auch schwierige Situationen im Gefecht mit kühlem Kopf angegangen werden können.
Auch das Durchfahren von Kreuzungen ist Bestandteil des Trainings. Es ist nicht nur das harte Gefecht, das kalkuliert werden muss; dilettantisches Verhalten kann auf gegnerischem Gebiet immer fatale Folgen nach sich ziehen, auch wenn es »nur« heißt: »Charly, hier Charly 1, vor uns Kreuzung«!

Der Ausbilder beobachtet das Geschehen auf Großbildschirmen in einem Nebenraum und kann so das Verhalten der Besatzung im simulierten Gefecht bewerten.

Das Durchfahren von Kreuzungen ist Bestandteil des Trainings. Hier können gegnerische Kräfte im Hinterhalt lauern.

Der Zugführer befiehlt das gemeinsame Vorrücken, das aufeinander abgestimmt werden muss. Beidseits der Kreuzung können gegnerische Kräfte im Hinterhalt lauern. Doch Aufatmen ist während des gesamten Auftrags nie angesagt, denn da gibt es ja auch noch die Minensperren. Sie zu erkennen, braucht es ein wachsames und geschultes Auge. »Halt, Achtung, Minensperre – Richtschütze Feuer, Nebel, rückwärts Marsch, Marsch!!!«, peitscht der eindringliche Befehl durch den Funk, und dann gilt es nur noch, sich buchstäblich aus dem Staub zu machen.

»Charly 3, hier Zwo«, meldet sich der Ausbilder zwischendurch immer wieder, »Sammelpunkt für Sie zwote Waldschneise hinter Teerstraße«. Plötzlich lässt er einen gegnerischen Kampfpanzer auftauchen.

Nach Kreuzung und Minensperre nun auch noch das. Doch wer sich durch diese ständigen Bedrohungen, die allesamt tödlich enden können, mental überlastet fühlt, muss den Kommandantensitz räumen. Kommandant zu sein bedeutet im laufenden Gefecht Adrenalinschub pur, Dauerhabachtstellung im Kopf und klare Handlungs- und Befehlsformulierungssicherheit. Das klappt nicht beim ersten oder zweiten Mal, das erfordert hartes Training. Auch wenn etwas schiefgeht, die Besatzung schlimmstenfalls in der Simulation getötet wurde, darf das nur Motivation sein, es beim nächsten Durchgang besser zu machen und die kleinen Unachtsamkeiten, die zur großen Katastrophe führten, auszumerzen. Simulatorgestützte Ausbildung und Gefechtsausbildungen auf der Schießbahn wechseln sich nun während der vielen Ausbildungswochen ab.

Nicht nur in Gefechtssituationen muss der Kommandant die Kommandos und Befehle beherrschen, die er seiner Besatzung erteilt. Im Simulator geht dies step by step, man hat Zeit. Aber draußen im Gelände kommt die geballte Ladung: Den Kraftfahrer führen, Feuerkommandos erteilen, Funken – und das alles auch noch viel, viel schneller als in Sim-City. Doch Durchgang für Durchgang gewinnt der Kommandant an mentaler Stärke, Erfahrung und Entscheidungsfähigkeit, wird seine Befehlsgebung immer klarer und präziser.

Der gegnerische Kampfpanzer ist eine Herausforderung für den Kommandanten. Jetzt muss das Gelernte sicher und situationspräzise zur Rettung seiner Besatzung führen.

Die eigentliche Bewährungsprobe für den Kommandanten ist das Gelände.

Die Fahrerausbildung

Ein »Auto« mit Triebwerk.
Statt Antenne ein Kanonenrohr.
Wer es wagt, es zu steuern, hat es in der Hand,
aus dem Leoparden eine Hauskatze oder ein Raubtier zu machen.

Fahrschulpanzer Leopard 2; die stählerne Fahrschule. *(Foto: Archivbild)*

Er gehört zur Formel 1 gepanzerter Fahrzeuge. Der Leopard 2 ist nicht nicht nur einer der besten, sondern mit 62 Tonnen und satten 1500 PS auch einer der stärksten Kampfpanzer der Welt. Wer ihn fahren will, der kann nicht wie in seinem Privatwagen eben mal den Zündschlüssel umdrehen und einfach losdonnern.

Um den stählernen Koloss sicher durch einen Angriff zu lenken, muss der Soldat mit Fahrerambitionen durch eine stahlharte Fahrschule in der Schulz-Lutz-Kaserne in Munster. Die einzige Fahrschule in Deutschland für diese Art »Auto«. Drei Wochen haben angehende Fahrer Zeit, den Leopard in den Griff zu bekommen.

Um Straßenschäden zu minimieren, wird der Panzerfahrernachwuchs die ersten acht Tage im modernsten Panzer-Simulator der Welt geschult, in der »Kraftfahrausbildungskompanie Fahrsimulator Kette«.

Das virtuelle Gelände konfrontiert den Panzerfahrschüler mit verschiedenen Schwierigkeitsstufen wie extremen Steigungen, Kletterkanten oder mit Gewässern. Das Fahrgefühl erlebt er fast wie in echt, da dieser Simulator, ähnlich wie ein Flugsimulator, auf Hydraulikstelzen montiert ist, die jede Fahrzeugbewegung auf den Körper übertragen. In der Anfangsphase redet sich der Ausbilder im Kontrollraum am Mikro buchstäblich heiser, um den lenkwütigen Fahrschüler auf der virtuellen Piste zu halten.

»Wieder ein bisschen Gas wegnehmen; so, und nun wieder ein bisschen Gas geben; Lenkeinschlag wählen; wieder etwas stärker einlenken und halten; halten, halten! Okay, und wieder Panzer-Vorwärts-Marsch; Drehzahl geben; Lenkeinschlag; und halten, den Lenkeinschlag; und Gas; und hey, hey, hey, das Ding ist doch kein Schiff!«

Die ersten Fahrten erfolgen nicht selten in Schlangenlinien, denn die Lenkung des Leoparden ist sehr sensibel, und der Koloss scheint widerspenstig. Hier braucht es Lenkerhände mit Gespür fürs Gefährt. Am Anfang fehlt die Sensitivität.

Danach geht's mit dem Fahrschulpanzer Leopard 2A4 (Wanne) mit Fahrschulkabinenaufbau in die Praxis. Während der Straßenfahrt sitzt der Fahrschulsoldat oberhalb der Luke, mit seinem Oberkörper im Freien. Im Gelände begibt er sich in den Bereich unterhalb der Luke und schaut nur noch durch die drei Winkelspiegel. Für den Nachtkampf kann der Fahrer den mittleren Winkelspiegel gegen ein Nachtsichtgerät austauschen. Das Attrappen-Kanonenrohr steht bei den Fahrschülern auf 11 Uhr 40; eine Einstellung, die gute Sichten gewährt und bei der die Fahrerluke aufgeht. Die Kommandozentrale im Turm gewährt dem Panzerfahrlehrer alle Möglichkeiten, um den Fahreleven wenn nötig zu übersteuern oder das Fahrzeug im Notfall komplett zu übernehmen.

Um Geländeschäden zu minimieren, geht es für die Panzerfahrschüler erst mal ins virtuelle Gelände.

Hier regiert der Fahrlehrer. Im Bedarfsfall kann er den Panzerfahrschüler übersteuern oder sogar das Fahrzeug ganz übernehmen. *(Foto: Archivbild)*

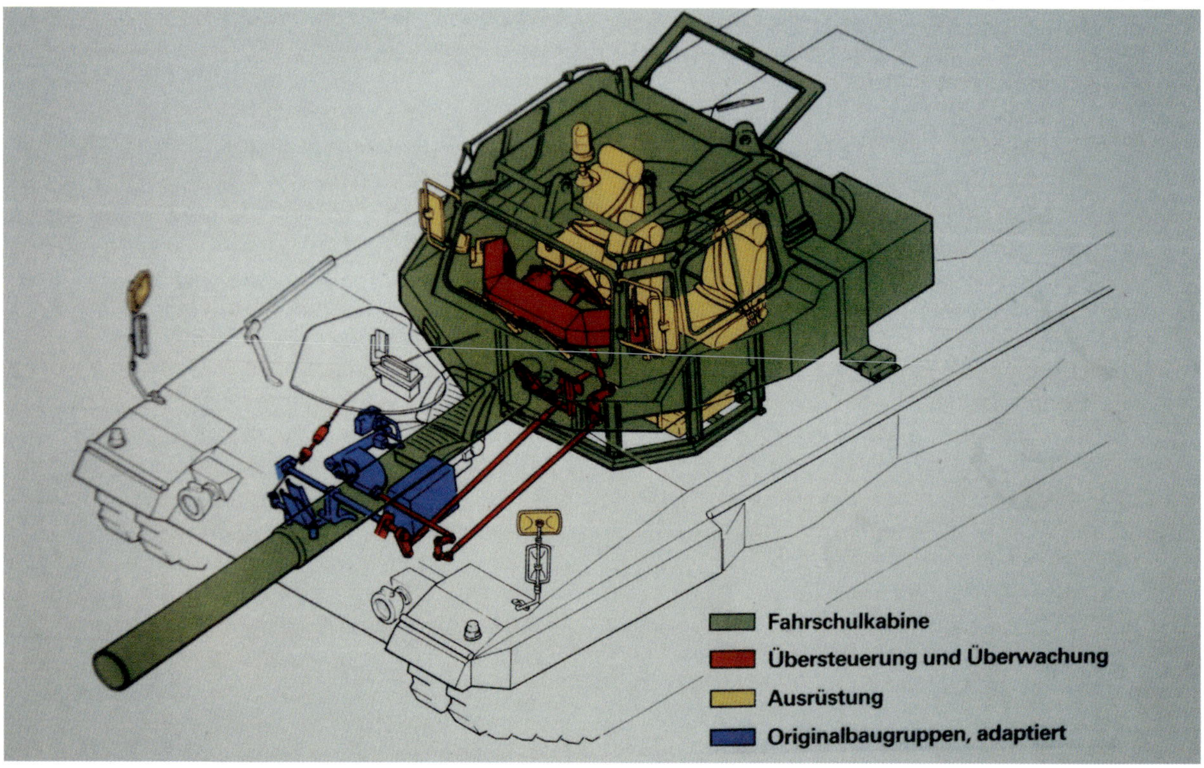

Die erste Fahrstunde bietet noch leichte Kost, der Fahrschüler soll sich erst einmal daran gewöhnen, am Steuer eines Panzers zu sitzen. Es gilt, im Fahrstreifen zu fahren und den eigenwilligen Leoparden zu zähmen, denn jeder Panzer läuft einen Tick anders. »Alles in Ruhe, und keine Panik«, besänftigt der Fahrlehrer die etwas angespannten Soldaten vor dem Einsteigen.

Der zukünftige Arbeitsplatz des Panzerfahrers. Eng, mit eingeschränkter Sicht, im freischwebenden Fahrersitz. Doch der verantwortungsvolle Chauffeursposten in der 1500-PS-Klasse entschädigt.

Womit kaum jemand rechnet beim angestrengten »Erstkontakt« : auch auf Übungsplätzen gibt es Straßen, die für Panzer gesperrt sind. Die Fahrt führt gerne mal an einem Verbotsschild für Panzer vorbei. Es steht da so harmlos am Wegesrand, während sich der Panzerfahrschüler ganz auf sein Fahren konzentriert und froh ist, dass die Kiste einfach nur harmonisch grade aus läuft. Vollbremsung; vom Fahrlehrer.

»Das Panzerschild, das Panzerschild«, kommuniziert der Fahrschüler die etwas späte Erkenntnis über Funk.

»Augen auf und vorausschauend fahren; weit vorausschauend!«, kommentiert der Fahrlehrer.

»Und nu?« fragt er den Fahrschüler.

»Müssen wir wohl umdrehen«.

»Korrekt, also Panzer rückwärts, Marsch!«

»Grade und anhalten, 180 Grad nach links«.

»Gefahrenbereich frei?«, rückversichert sich der Fahrschüler.

»Gefahrenbereich frei«, bestätigt der Fahrlehrer. Nach der Drehung geht es Richtung Kreuzung. Der Fahrschüler tastet sich zu lange heran. Wieder meldet sich der Fahrlehrer über Funk: »Ja, halloo! Was wird das?«

»Rantasten, damit ich besser einsehe«.

»Was muss man zuerst auf jeden Fall machen?«

»Anhalten!«

»Aha, und warum haben wir das nicht gemacht? Solange ich die Haltelinie als Fahrer noch sehe, kann ich noch rollen, wenn nicht mehr, dann anhalten!«

Scheint alles nicht so einfach, wie es von außen aussieht. Neben dem Fahren wird auch Wert auf fundierte technische Kenntnis des Gefährts gelegt, welche die Fahrlehrer bei ihren Fahrschülern dann auch regelmäßig abfragen. In der Funktion Panzerfahrer ist der Soldat auch für die Wartung der kompletten Wanne inklusive Triebwerk und Laufwerk zuständig, wobei ihm die anderen Besatzungsmitglieder, beispielsweise beim Einstellen der Kettenspannung, unterstützend zur Seite stehen. Trainiert wird dieses Wissenspotenzial auf 120 Prozent. Sind 90 Prozent hängengeblieben und in der Prüfung abrufbar, ist der Fahrlehrer zufrieden.

Die leopardische Königsdisziplin nach zehn Tagen Fahrschulausbildung ist das Fahren in schwerem Gelände. Es gilt, »Geländemarschbereitschaft« herzustellen. Die Kettenblenden und Spiegel werden abgeklappt, die Schmutzfänger abgemacht und der Fahrer unter Luke verstaut.

»Motor an!«
Das Gelände hat es in sich. Der Fahrlehrer muss ganz schön was abkönnen, wenn sein Fahrschüler mal wieder lenkt ohne Gas.
»Vorsichtig, vorsichtig!«, drosselt er.
Doch das Adrenalin steigt. 1500 PS und eine Fahrschulstrecke, dass einem das Herz aufgeht. Viel Sand, Mulden, Anhöhen und ausgedehnte Riesenpfützen, die auch kleine Teiche sein könnten.
»Erkundet und befahrbar?«, meldet sich der Fahrschüler aus den Katakomben des Panzers.
»Erkundet und befahrbar!«, bestätigt der Fahrlehrer.
Das Gewässer macht Spaß, doch der währt nur kurz.
»Laaaangsam, hallo, hallo, hier kommt nochmal ein Absatz!«, interveniert der Fahrlehrer.
»So, und jetzt Gas geben und mehr mit dem Gas spielen; wenn er oben ist, kannste das Gas weg-

Bergepanzer 3 Büffel. Das gepanzerte Vollkettenfahrzeug auf Basis des Leopard 2 ist der »ADAC« des Leoparden: Bergen, schleppen, unterstützen, wenn es heißt: »Hier Alpha, benötige Bergeunterstützung« und die erlösende Antwort kommt: »Hier Berge, verstanden, ich hol euch da raus!«

nehmen, und wenn er in der Abwärtsbewegung ist, bekommt er wieder einen auf die Mütze«, dirigiert der Fahrlehrer den Fahrschüler durch das natürliche Wasserbassin.
Für den halbstündigen Geländeparcours hat das Panzeraggregat über 200 Liter Diesel verbraucht, und nicht nur der Motor kocht, auch die Köpfe der Fahrschulsoldaten. Der Fahrlehrer inspiziert danach sehr genau seinen Fahrschul-Leoparden, insbesondere das Fahrwerk und die Ketten. Ab und an muss ein Familienmitglied des Leoparden ran, der Bergepanzer Büffel, der bis zu 56 Tonnen packt und sich um liegengebliebene Fahrzeuge kümmert, die überbeansprucht wurden.

Typenblatt Bergepanzer Büffel	
Besatzung	3 (Kommandant, Fahrer, Bergegehilfe/Mechaniker)
Länge	9,07 m
Breite	3,54 m
Höhe	2,735 m (Oberkante Lafette)
Masse	54,3 Tonnen
Panzerung	Kompositpanzerung
Hauptbewaffnung	keine, da Bergepanzer
Sekundärbewaffnung	1 × 7,62 × 51 mm NATO-Maschinengewehr MG3 und Nebelmittelwurfanlage
Antrieb	MTU 12-Zylinder-Mehrstoff-Dieselmotor
Leistung	1500 PS (1103 kW)
Federung	Torsionsstab (Leopard 2 Chassis)
Höchstgeschw.	68 km/h (Straße)
Leistungsgewicht	27,6 PS/Tonne
Reichweite	ca. 400 km

Während der Prüfung sind der Fahrlehrer und der Prüfer im Rang eines Offiziers an Bord, die sich untereinander mittels Zeichensprache verständigen, sodass der Prüfling keine Informationen über das bevorstehende Prozedere aufschnappen kann. Sind theoretischer und praktischer Teil zufriedenstellend verlaufen, heißt es »Panzer Marsch« für das neue Besatzungsmitglied mit druckfrischem Dienstführerschein.

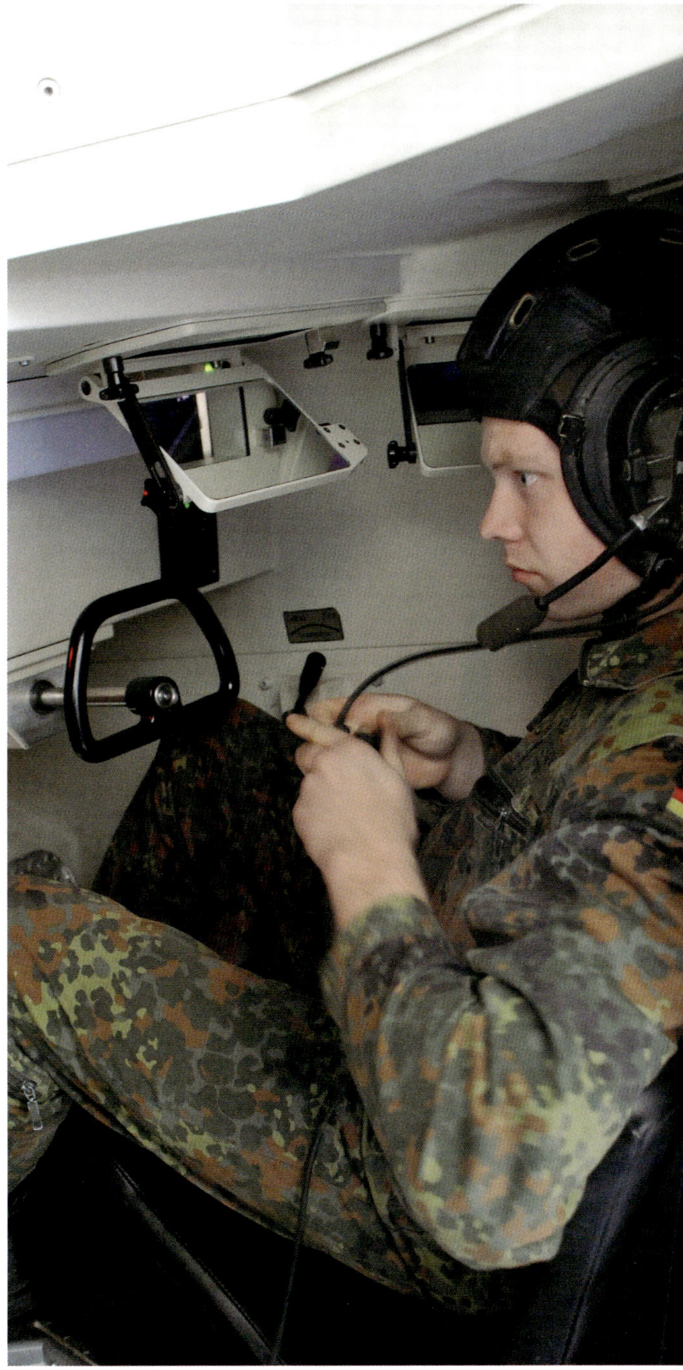

Auch nach der Fahrschule muss sich der Panzerfahrer – wie sämtliche anderen Besatzungsmitglieder auch – in Übung halten. Hier im Ausbildungsgerät Gefechtssimulator Panzertruppe Kampfpanzer Leopard 2 A5/6 (AGPT).

Die Richtschützenausbildung

Ein scharfer Verstand und ein talentierter Blick erkennen den Gegner, noch bevor der einen selbst erkennt.

Richtschütze und Kommandant sind eng miteinander verwoben. Sie sitzen höhengestaffelt in der rechten Panzerhälfte; der Richtschütze unten, der Kommandant oben.

Der Richtschütze richtet das Geschütz auf Kommando zur Zielbekämpfung aus, daher der Name. Sein Hauptjob ist es, das Ziel zu treffen. In aller Regel weist der Kommandant dem Richtschützen während der Gefechtssituation das zu bekämpfende Ziel zu, da er mit dem PERI über eine vom Turm unabhängige Beobachtungsmöglichkeit mit 360-Grad-Rundumblick verfügt, ohne den Turm bewegen zu müssen.

Wenn der Richtschütze in Duellsituation ein Ziel erkennt, das zur Bekämpfung des eigenen Panzers ansetzt, ist er angewiesen, dieses Ziel ohne jede weitere Rückfrage beim Kommandanten mit der aktuell geladenen Munition zu bekämpfen. Als Sekundärwaffe kann er das koaxial zur Bordkanone montierte Maschinengewehr bedienen. Hoheitsgewalt behält jedoch der Kommandant, der durch Betätigen des Sicherheitsschalters am Richtgriff den Richtschützen komplett übersteuern und nötigenfalls selbst das Feuer führen kann.

Doch ein Richtschütze muss weit mehr können, als nur gegnerische Ziele zu treffen. Er muss das Rechnersystem beherrschen, Bedienknöpfe im Blindflug finden oder im Notfall als Stellvertreter des Kommandanten agieren. Geübt wird fürs

Der Ausbildungs-Schießsimulator der Panzertruppe (ASPT) für die Schießausbildung von Kommandanten und Richtschützen. Der Ausbilder sitzt am Auswerteplatz mit Rechnersystem und Bildgenerator.

Erste im »Ausbildungs-Schießsimulator der Panzertruppe« (ASPT) Leopard 2. Hier lernt der Richtschütze die einzelnen Systeme im Kampfpanzer und ihre Bedienung kennen – mit steigender Intensität. Das bedeutet im Verlauf der Ausbildung immer schwierigere Ziele und immer mehr Teilausfälle der Feuerleitanlage bei ihrer Bekämpfung. So werden Effizienz und Selbständigkeit des Richtschützen gesteigert.

Die Ausbildungsschwerpunkte liegen sowohl für den Richtschützen als auch für den Kommandanten zunächst im Feuerkampf des Einzelpanzers und ihrer dazu erforderlichen Zusammenarbeit. Danach wird im Ausbildungsgerät Gefechtssimulator Panzertruppe (AGPT) Kampfpanzer Leopard 2 A5/A6 das Zusammenspiel der Besatzungen untereinander und auf Ebene »Zugführer-Kommandanten« geübt.

Treffer! Und sofort wird das nächste Ziel anvisiert.

Die Ausbildung zum Richtschützen läuft in den ersten Wochen mit der des Ladeschützen konform. Danach wird in separate Ausbildungsklassen aufgeteilt. Alles in allem gehen etwa drei Monate ins Land, bis der Richtschütze seinen Sitzplatz im echten Leoparden einnehmen darf.

Als die junge Bundeswehr ihre ersten Kampfpanzer erhielt, war das Entfernungsmessen noch ein ganz wesentlicher Bestandteil der Richtschützenausbildung. Damals, so lässt sich der Chronik der Panzertruppe entnehmen, verbreiteten Schießlehrer einen regelrechten Mythos um das »Herrschaftswissen« Entfernungsmessen, fast als adelten sie jene, die am Richtschützenplatz mit mathematischer Denkakrobatik den Panzer-Einstein gaben. Man ließ die übrige Truppe in dem Glauben, dass, wer die Entfernungsmessausbildung absolviert hatte, wohl auch über Kenntnisse in der höheren Mathematik verfügen müsse. Heute ist das dank EMES ganz anders.

Das Hauptzielgerät des Richtschützen EMES 15 mit dem CE628-Laser von Zeiss-Eltro Optronic als Entfernungsmesser, nimmt ihm heutzutage eine Menge Kopfarbeit ab. Der »Neodym-dotierte Yttrium-Aluminium-Granat-Laser« (Nd:YAG-Laser) misst Entfernungen bis 9990 Meter auf 10 Meter genau, wobei lediglich Schussentfernungen zwischen 200 und 4000 Metern berücksichtigt werden. Bei Werten über 4000 Metern kommt es zur Schussverstockung, es kann nicht abgefeuert werden. Bei Messungen unter 200 Metern wird vom Feuerleitrechner mit dem Aufsatzwert für 1000 Meter gerechnet. In der Betriebsart »STAB.EIN« ist EMES 15 die führende Optik für Turm und Bordkanone. EMES 15 ist unabhängig von der Kanone stabilisiert, und die Kanone wird im Normalbetrieb der Optik nachgeführt. Die Ausblickklappen werden elektrisch geöffnet. Gekoppelt mit dem zwölffach vergrößernden Hauptzielfernrohr (HZF), ist es die primäre Zieloptik für den Richtschützen. Als zweites Zielgerät steht dem Richtschützen das Turmzielfernrohr (TZF) FERO Z18 zur Verfügung. Beim Ausfall der Feuerleitanlage dient es als Not-Optik. Eine Skala im Strichbild unterstützt beim Einstellen der geschätzten Schussentfernung. Seit 1983 ist das Wärmebildgerät WBG-X von Zeiss in EMES 15 integriert, welches das PZB 200 als Nachtzielgerät ersetzte. Eine vier- beziehungsweise zwölffache Vergrößerung erlaubt das Beobachten und Bekämpfen sowohl am Tag als auch bei Nacht.

Richt- und Ladeschütze müssen beide das Bedienen der 120-mm-Glattrohrkanone beherrschen, ebenso mit dem MG umgehen und die Nebelwurfanlage anwerfen können. Besonderes Gewicht in der Waffen- und Geräteausbildung wird auf die Bedienung der Feuerleitanlage gelegt, auf die In- und Außerbetriebnahme des Kampfpanzers Leopard 2 und die Fristenarbeiten. Auch die »Inneneinrichtung« müssen Richt- und Ladeschütze prüfen, überwachen und bedienen können sowie die des Kommandanten kennen. Sie sind auch die »Bepacker« des Panzers, die nach Beladeplan verstauen. Irgendwann geht es dann für beide Positionen ans Eingemachte: die Grundlagen der Schießtechnik und des Feuerkampfes in »STAB.EIN«. Die müssen sie im Zusammenspiel aus Stellungen sicher anwenden. Der Richtschütze hat dabei stehende und fahrende Ziele unverzüglich und genau anzurichten und sie innerhalb von zwölf Sekunden mit dem ersten Schuss im simulierten Feuerkampf zu treffen.

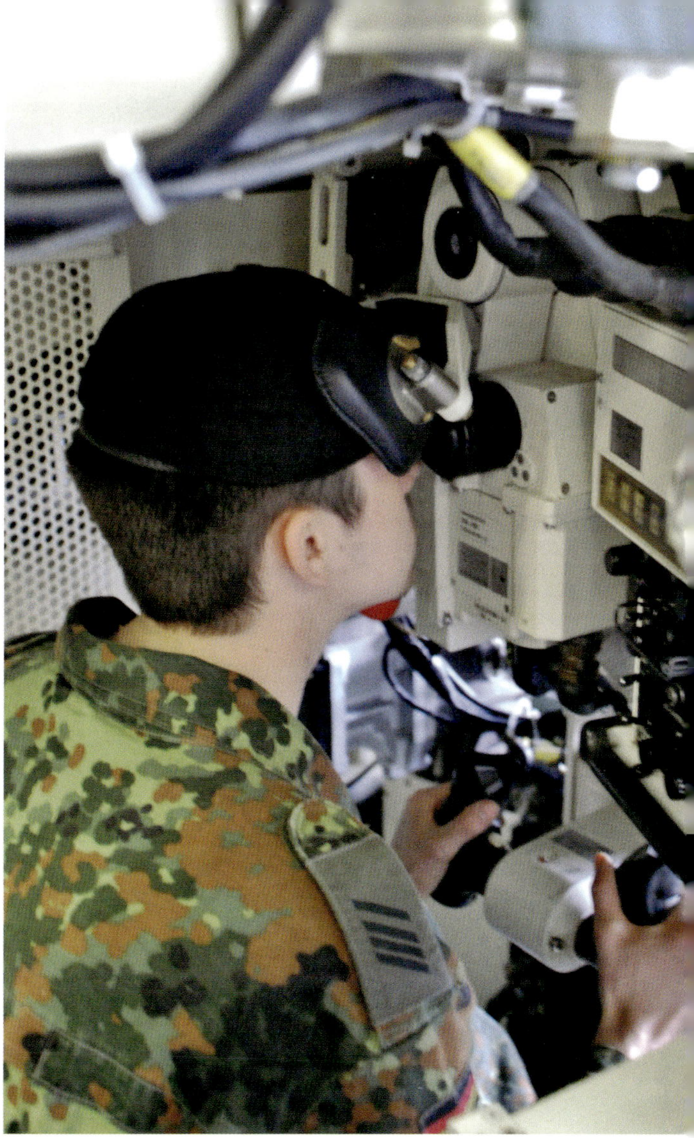

Der Richtschützenplatz im Turm-Trainer (AAT).

Die Ladeschützenausbildung

Er muss stark sein und er muss verdammt schnell sein.
In seinem Takt wirkt die Kanone. Seine Kraft ist Feuerkraft.

Homogenisierung der Panzerbesatzung im »Ausbildungsgerät Gefechtssimulator Panzertruppe« (AGPT) Kampfpanzer Leopard 2 A5/6.

Der Ladeschützenplatz im AGPT.

Der Ladeschütze hat den am wenigsten kalkulierbaren Job. Bei Geländefahrten ist es ihm unmöglich, vorausschauend zu reagieren, da er nicht nach draußen sehen kann. Wird es holprig, hat er Stress, denn mit der rund 20 Kilogramm schweren Munition für die 120-mm-Bordkanone in beiden Händen kann er sich nicht abstützen. Beim Führen eines Feuerkampfes aus der Bewegung heraus ist schon leichtes Gelände für den Ladeschützen eine physische Herausforderung.
Im Panzer steht er in der linken Hälfte. Abgetrennt von Kommandant und Richtschütze, jedoch über Sprechfunk mit seinen Kameraden verbunden, natürlich auch mit dem ebenfalls von der übrigen Besatzung räumlich abgetrennten Fahrer.
Hinter einem druckdichten Schott im Turm lagern für ihn griffbereit 15 Schuss Bereitschaftsmunition. Die Munition befindet sich sowohl im Turmheck als auch in der Panzerwanne. Die Kampfpanzer Leopard 2 sind unterschiedlich beladen mit den Munitionsarten KE »Kinetische Energie« und MZ »Mehr-Zweck-Munition«. Es heißt, dass neun Schuss in der Minute schon eine sehr gute Leistung des Ladeschützen darstellen.

Munitionstypen Leopard 2						
Name	Typ	Masse Patrone (kg)	Masse Penetrator/ Geschoss (kg)	v_0 (m/s)	Kampfentfernung (m)	Einführung
DM12	MZ	23,2	13,5	ca. 1140	ca. 2600	1979
DM13	KE			ca. 1650	ca. 3200	1979
DM23	KE			ca. 1650	ca. 3500	1983
DM33	KE		4,6	ca.1650	ca. 3500	1987
DM43	KE	20	7,2 mit Treibkäfig	1740		
DM53	KE	21,4	ca. 5	1670–1750 (L/55)	4000	1999
DM63	KE		ca. 8,45	1650 (L/44)		2005
	HE	ca. 19		ca. 950 (L/44) ca. 1100 (L/55)	5000	

Im Gefecht hat der Ladeschütze den körperlich anstrengendsten Auftrag: Er muss die 120-mm-Patronen aus dem Munitionsbunker im Turm entnehmen und damit die Bordkanone nachladen. Neben dem Nachladen ist er auch für das achsparallele MG3 und das 7,62-mm-FlaMG (Fliegerabwehr-MG) verantwortlich. Auch wenn es eher selten der Fall ist, hat der Ladeschütze die Möglichkeit, mit dem an seiner Luke angebrachten MG in das Kampfgeschehen einzugreifen, mit dem Schwerpunkt Flugabwehr. Des Weiteren ist der Ladeschütze meist als Einweiser für den Panzer zuständig und macht den Panzer klar zum Gefecht.

Die Ladeschützen, deren Ausbildung in den ersten Wochen mit der des Richtschützen im Gleichschritt geht, erhalten in den letzten Ausbildungswochen eine zusätzliche Waffen- und Geräteausbildung mit dem Ziel, durch drillmäßiges Üben die Bedienung der Waffen generell sowie das Nachladen in allen Betriebsstufen und die Fehlererkennung zu beherrschen. Dafür muss der Ladeschütze auch in die Ausbildungsanlage Turm (AAT), den Turm-Trainer, und um das Zusammenspiel mit den anderen Besatzungsmitgliedern zu optimieren, geht es für ihn wie für die Kameraden in das »Ausbildungsgerät Gefechtssimulator Panzertruppe« (AGPT) Kampfpanzer Leopard 2 A5/6.

Bevor es in den AGPT geht, werden die Übungsinhalte gemeinsam besprochen. Kontinuierliches Training gewährt die jederzeitige Abrufbarkeit der erworbenen Kenntnisse.

Gemeinsam stark in der Operation verbundener Kräfte

Im Gefecht zählt Strategie.
Die wichtigste unter ihnen ist, die Pläne des Gegners zu durchkreuzen.
Operationsführung und Taktik kann man lernen,
den Instinkt, den es braucht, um erfolgreich zu sein, nicht.

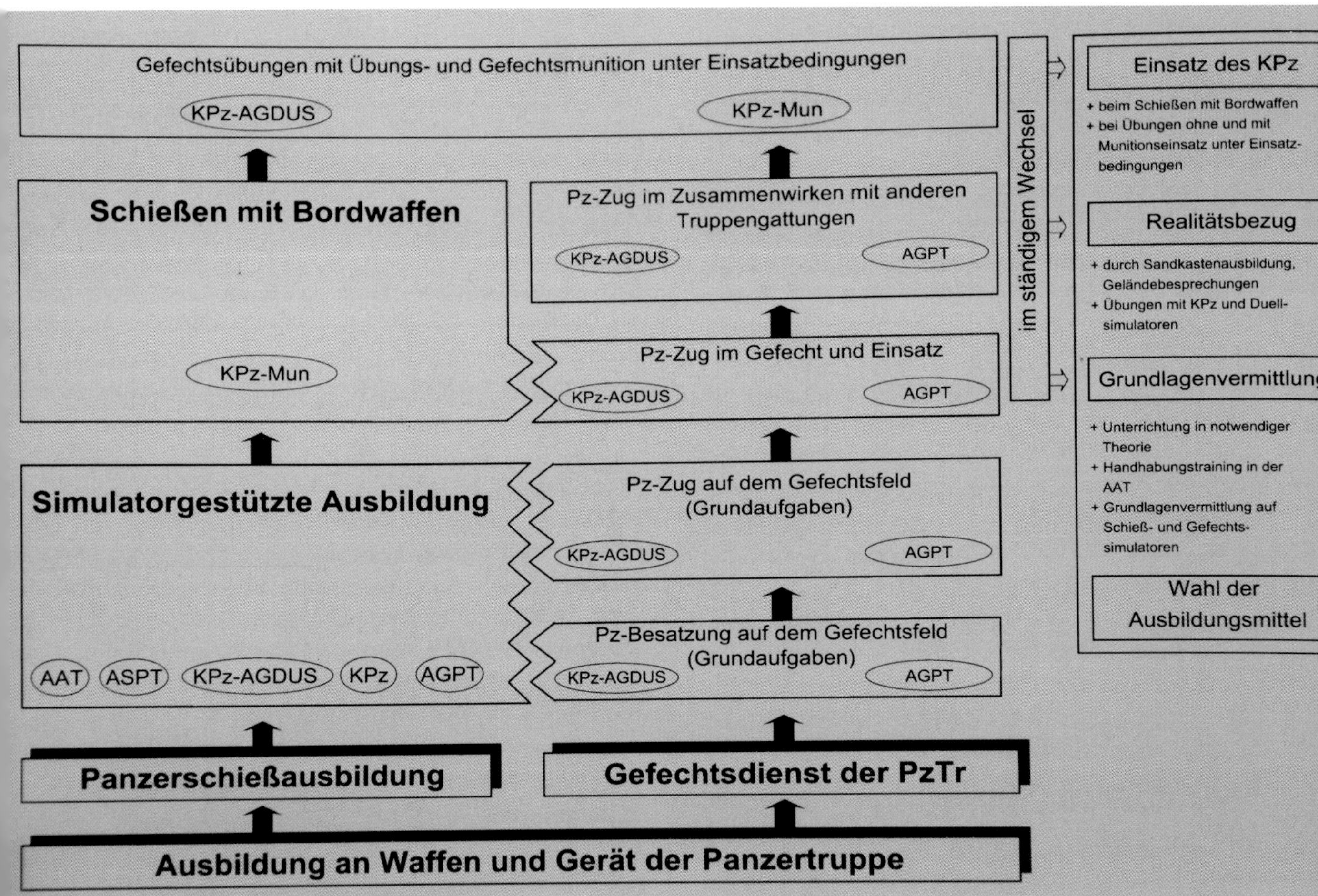

Die modular aufgebaute Schießausbildung der Panzertruppe. *(Foto: Archivbild)*

Im Gefecht, dem Kerngeschäft der Panzertruppe, zeigt sich, was den Kampfpanzersoldaten ausmacht. Wenn jeder einzelne das, was ihm in seiner Funktion im Kampfraum Leopard 2 auf den Leib geschneidert wurde, sicher beherrscht, entfaltet sich zuverlässiges Potenzial. Doch erst im Zusammenwirken mit den perfektionierten Handlungen der übrigen Besatzungs- und Zugmitglieder und einem fähigen Kommandanten wird das bis zu zwölf Millionen Euro teure Waffensystem zur Präzisionswaffe, wird ein ganzer Fuhrpark davon zur schlagkräftigen Boden-Armada.

Bevor der Soldat im Ausbildungsstrahl zum Gefecht gespült wird, durchlebt er eine »Allgemeine Grundausbildung« (AGA), eine auf die Panzertruppe zugeschnittene »Spezial-Grundausbildung« (SGA) und natürlich angesichts aktueller asymmetrischer Bedrohungslagen und der laufenden Auslandseinsätze eine »Einsatzvorbereitende Ausbildung zur Konfliktverhütung und Krisenbewältigung« (EAKK). Feldwebel und Offiziere werden zusätzlich am Ausbildungszentrum Panzertruppen auf ihre verantwortungsvolle Führungsrolle vorbereitet.

Simulatorgestützt sowie auf dem Truppenübungsplatz durchläuft der Soldat des Waffensystems Leopard 2 letztendlich eine Ausbildung, die ihn zunächst mit seiner Crew, dann aber auch mit seinem gesamten Zug zu einer Einheit verschweißt.

Eine realistische Gefechtssimulation wird durch das »Ausbildungsgerät Duellsimulator« (AGDUS) ermöglicht. Das taktische, laserbasierte Waffentrainingssystem der Bundeswehr dient der Direktsimulation von Gefechtsübungen. Bekämpfen sich gegnerische Panzer, steigt nach jedem abgegebenen simulierten Schuss für einen Moment Rauch auf. An den am Übungsgefecht teilnehmenden Kampfpanzern sind Reflektoren angebracht, die den gegnerischen Laserstrahl aufnehmen, dessen Trefferergebnis ein Computer errechnet.

Bei einem Treffer wird dem Kommandanten sofort angezeigt, was und wo getroffen wurde. Das reicht von »keinem Schaden« bis zum »Totalausfall«. Eine freundliche weibliche Computerstimme lässt wissen: »Treffer, Turm aus«, und eine Lampe des AGDUS-Systems, manuell ausgelöst vom Kommandanten, beginnt zu blinken. Der Turm des Panzers fährt um 180 Grad nach hinten. Das ist das Zeichen, mit dem der Ausfall des Panzers während der Gefechtsübung mit dem AGDUS-System angezeigt wird.

Die übenden Kompanien werden währenddessen ständig vom Leitungspersonal des Schießübungszentrums Panzertruppen (SchÜbZ PzTr) mit schnellen Kleinkettenfahrzeugen, dem »Mannschaftstransportwagen (MTW) / Transportpanzer M113«, begleitet. Dem Kompaniechef steht ein erfahrener Kompanieschiedsrichter derselben Truppengattung zur Seite. Im Mittelpunkt der Ausbildung im Schießübungszentrum Panzertruppen steht das Führungskönnen und -verhalten der Kompaniechefs und ihrer Teileinheitsführer.

Individuelle Gefechts-Wünsche der Truppe werden in Munster selbstverständlich berücksichtigt. Der Leiter des Übungszentrums legt gemeinsam mit den Kommandeuren der übenden Truppe die Schwerpunkte des Aufenthalts bereits sechs Monate zuvor fest, und drei Monate, bevor der erste Schuss fällt, besichtigen die Kompaniechefs bereits eingehend das Übungsgelände.

Die Ausarbeitung eines fiktiven Gefechtes ist zeitaufwendig, da Ausbildungsabschnitte, die erforderlich sind, um die Soldaten in Übung zu halten, breitgefächert abgedeckt werden müssen und eine ausgeklügelte Lage zu erstellen ist: Der Operationsplan im Hinblick auf die eigene Lage sowie die des hypothetischen Gegners, die Truppeneinteilung sowie die Führungsunterstützung und die streitkräftegemeinsame taktische Feuerunterstützung – alles das ist schon in der Planung zu berücksichtigen. Das gängige Klischee der »Panzerköppe« (breit fahren, schmal denken) muss hier eindeutig zerschlagen werden, sind sie doch clevere Taktierer und Teamplayer. Da sie meist unter sich bleiben, was am Waffensystem als solchem liegt, welches sie seit geraumer Zeit vom Gros der anderen Bundeswehr-Truppen etwas isoliert, kennt man sie nicht wirklich. Sicher, ihre Gesichter sind nach dem Aussteigen meist erdfarben, aber sie haben Format und wirken bescheiden, nehmen ihren rau-derb-rüstigen Ruf eher gelassen hin und lächeln ihr Klischee souverän lässig einfach weg.

Ein Bataillon rüstet sich zum Gefecht

Systeminstandsetzung ist ein Garant für Funktionstüchtigkeit. Und so beginnt das Gefecht nicht erst auf dem Gefechtsfeld, sondern – ähnlich wie bei einem herkömmlichen Auto, das sich auf der Straße und im Verkehr bewähren muss – schon mit der regelmäßigen Wartung des Waffensystems, in diesem Fall also des Kampfpanzers Leopard. Die Systeminstandsetzer-Soldaten kümmern sich je nach Nutzung der Leoparden in einem bestimmten Intervall um die Kampfpanzer, die nach der letzten Kampfwertsteigerung mit zivilen Spediteuren zu den Instandsetzungsbataillonen verbracht werden müssen, da Version A6M durch die Zusatzpanzerung mit etwa 60,2 Tonnen zu schwer für den Bundeswehr-Schwerlasttransporter geworden ist.
Baupläne und Schaltkreise aller Teile des Panzers befinden sich seit kurzem in einer digitalen Datenbank, die es ermöglicht, den Panzer virtuell am Bildschirm bis in die kleinsten Einzelteile zu zerlegen. Der Panzer selbst hat einen Fehlerspeicher wie ein Pkw. Nach Auswahl und Anklicken des jeweiligen Teils auf dem Bildschirm erscheint für das passende Ersatzteil auch die Bestellnummer. Wie lange die Lieferung dauert, hängt von der Größe und Komplexität des gewünschten Stücks ab. Nur ein einwandfrei instandgesetzter und gewarteter Leopard gelangt zum Rücktransport auf die Retour-Ladefläche.
Wird die ausgearbeitete Lage den beteiligten Soldaten geschildert, findet dies in Form von Befehlsausgaben am Wühlsandkasten oder, falls ein solcher nicht vorhanden ist, auch mal am provisorischen Bodengemälde statt.
Im Einsatz ist die kleinste taktische Einheit der Zug, der aus vier Panzern besteht, drei Panzerzüge bilden eine Kompanie, ein Bataillon setzt sich aus drei Kampfkompanien sowie einer Stabs- und Versorgungskompanie zusammen.

Die Lagebesprechung vor dem Gefecht erfolgt am Wühlsandkasten oder am Bodengemälde.

Ab jetzt heißt es eintauchen in die irreale Realität, denn in der angenommenen Übungswelt will die Rot-Ethnie, eine Minderheit im Raum Bispingen, endlich ihr eigenes Land: Rotland. Um ihr Vorhaben umzusetzen, haben sie bereits Waffengewalt angewandt und die Grenzen verrückt. Die müssen nun wieder in Ausgangsstellung gebracht werden.

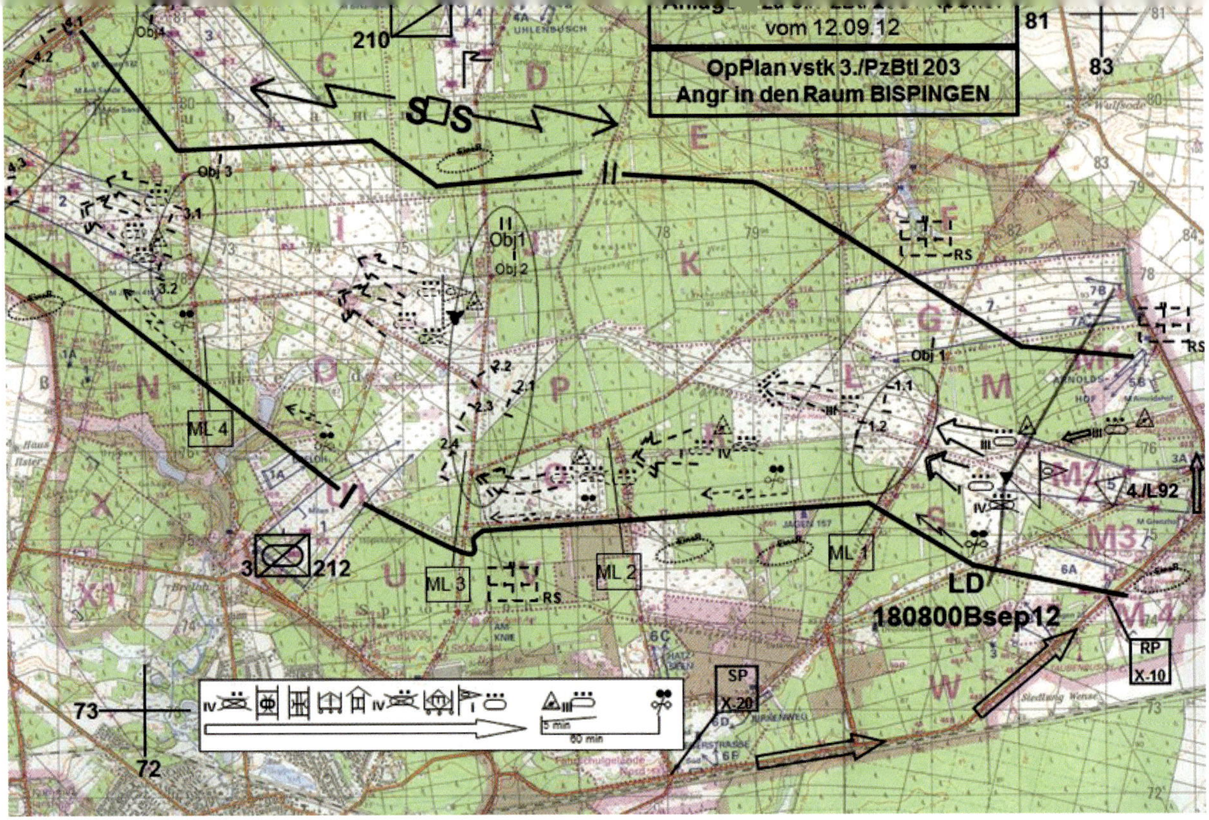

Der Operationsplan. *(Foto: 3./ PzBtl 203)*

Gegnerische Bewegungen und Kampfhandlungen konnten durch Aufklärungs- und Erkundungsergebnisse ausgewertet werden. Gefechtsfeldaufklärung durch den gemischten Einsatz von Spähtrupps und Aufklärungsverbindungszügen mit drohnengestützter Luftraumbeobachtung lieferte den Schlüssel für den Operationsplan und das taktische Vorgehen im Kriegsgebiet. Klar geworden ist:

- Die Gegner bereiten in Stärke einer Panzerdivision (PzDiv) die Verteidigung von Rotland entlang des Flusses Aller vor. Dabei ist nördlich des Flusses mit vorgelagerter Verzögerung zu rechnen, vermutlich mit Kräften einer Mechanisierten Brigade, um Zeit zu schinden für die Verteidigungsvorbereitungen an der Aller. Die Gegend liegt auf der Linie Munster und zweier weiterer Orte, liegt also im Verantwortungsbereich der PzBrig 21.
- Nördlich von Munster ist ein verstärktes Panzergrenadierbataillon mit einer Kampfkraft von 90 Prozent aufgeklärt worden, ebenso Kräfte zur Sicherung einer Straße.
- Die erste Verzögerungslinie wird an zwei Straßenabschnitten vermutet.

Nun gilt es, die gegnerische Taktik zu durchschauen:

- Wahrscheinlich sichert der Gegner mit Feldposten in Zugstärke an der Sicherungslinie und verteidigt zeitlich begrenzt in beweglicher Gefechtsführung mit drei Kompanien nebeneinander sowie verstärkter gepanzerter Reserve.
- Der Gegner hat aller Voraussicht nach vor, eigene Kräfte nördlich Munster frühzeitig abzunutzen und von vorn angreifende eigene Kompanien ostwärts zu zerschlagen, um danach kämpfend in den Raum Bispingen auszuweichen.
- Im Verantwortungsbereich der verstärkten 3. Kp. / PzBtl 203 ist mit einer verstärkten Panzergrenadierkompanie (PzGrenKp), bestehend aus einem Panzerzug sowie zwei Panzergrenadierzügen (PzGrenZg), zu rechnen. Sie werden mindestens in Gruppenstärke beiderseits markanter Punkte sichern. Natürlich sind die Kräfteverhältnisse bei einer Übung verzerrt dargestellt: Eine Kompanie greift an, die andere verteidigt. In der Realität ist das Verhältnis Angreifer versus Verteidiger etwa 3:1.

- Danach wird der Gegner zeitlich begrenzt versuchen, mit drei Zügen nebeneinander zu verteidigen; mit einem PzGrenZg links vom aufgeklärten Bereich, mit einem PzZg Mitte und einem PzGrenZg rechts davon; vermutlich läuft es auf eine Panzerjagd hinaus.
- Weiter wird der Gegner zusätzlich an einem Weg mit drei Zügen nebeneinander zeitlich begrenzt verteidigen; ein PzZg links eingesetzt, ein PzGrenZg Mitte und ein PzGrenZg rechts, alles in Richtung Übungsdorf Barbara.
- Des Weiteren hat der Gegner mit der Aufstellung Rotland-freundlicher paramilitärischen Milizen begonnen. Die Milizen sind mit Handwaffen und Panzerabwehrhandwaffen (PzAbwHaWa) ausgestattet. Im Raum Barbara-Dorf wurde mit der Aufstellung einer Gruppierung in Zugstärke begonnen.

Ein Gefecht findet in aller Regel nicht vor der Haustür statt. Der »Marsch« zum Bestimmungsort mit einem technischen Halt oder dem »Überholen lassen« von Kolonnenfahrzeugen ist ebenso Ausbildungsthema wie das »Beziehen von Räumen« und das »Tarnen« des stählernen Großgerätes, dessen Kettenspuren beseitigt werden müssen und das mit Tarnnetz, Tannenzweigen, Moos und begrüntem Geäst bedeckt mit seiner Umgebung verschmelzen muss. Für Wüsten- oder Wintereinsatz gibt es entsprechendes farblich verändertes Equipment. Zusätzlich wird an anderer Stelle der Bataillonsgefechtsstand aufgebaut.

Nach der allgemeinen Befehlsausgabe erhalten die Soldaten vor dem Marsch noch wichtige Informationen vom Zugführer.

Damit alles reibungslos läuft, wird die Fülle an Information zu Papier gebracht.

Für die Übung wird als Erkennungszeichen eigener Teile eine Warnweste am Heck angebracht.

Letzte Vorbereitungen werden getroffen
und der Funkkreis überprüft.

Wenn es heißt »Panzer Marsch«, muss innerhalb des Kasernenbereichs ein Soldat zur Sicherheit vor dem Waffensystem herlaufen, um ein Touchieren und Kollisionen jeglicher Art im Vorfeld abzuwehren.

Prüfender Blick auf die Kolonne.

Die Panzergrenadiere als Unterstützer der Panzertruppe mit ihrem Hauptwaffensystem, dem Schützenpanzer (SPz) Marder. Sie bilden mit der Panzertruppe den Truppengattungsverbund Panzertruppen.

Solange der Leopard 2 auf Straßen in- und außerhalb der Kaserne unterwegs ist, muss er mit Warnleuchte fahren.

Unverzichtbar: Bergepanzer Büffel, auch Bergepanzer 3 (BPz3) genannt, auf Basis des Kampfpanzers Leopard 2.

»Panzer Marsch!«

Y-42
8569

Achtung, Fahrzeug überholt!

Simulierter technischer Halt.

Y-154 474

Y-154 474

Das Beziehen von Räumen bedeutet Unterschlupf finden im schützenden Terrain.

XS
Y-998 373

Tarnung ist alles. Der nicht gerade unauffällige Leopard 2 muss unter der natürlichen Bewaldung verschwinden.

Nach einem kräfteschonenden Marsch hat das PzBtl 203 am Bestimmungsort den Verfügungsraum bezogen. Vor Ort erfolgt nun die detaillierte Befehlsausgabe für den Angriff im Raum Bispingen an Karten und am Sandkasten, denn alle Beteiligten müssen ihren Anteil am Gefechtsgeschehen klar definiert kennen und zielführend leisten.
In ihren Einzelaufträgen erhalten nun die Panzerzüge Alpha und Charly, der Panzergrenadierzug Delta, die Aufklärungsverbindungsgruppe als Spähtrupp, der Panzerpionierzug, das Joint Fire Support Team (JFST) sowie der Sanitätstrupp ihre Einsatzbefehle. Auch die Fliegerabwehr wird besprochen, bezüglich Bereitschaftsgrad, Alarmierung, Entwarnung und der Beobachtungsbereiche. Die »Gegner« besprechen ihre Vorgehensweise und Erkundungsergebnisse für das Projekt Rotland ebenfalls; natürlich ohne die Bispingen verteidigenden Angreifer.
Die Masse an Information wird von jedem Soldaten stichpunktartig notiert. Es gibt unzählige benannte Wege, Ortschaften, Waldränder, Sammelräume, Kreuzungen, Höhen und Freiflächen, lageabhängige Vorgehensweisen, zu leistenden Flankenschutz von rechts und links, Zeiten, die einzuhalten sind, vermutete Sperren, minengefährdetes Gelände, Parolen und Kennwörter usw. Des Weiteren machen aktualisierte Beobachtungserkenntnisse der unterstützenden Truppenteile über die sich ständig verändernde Lage im Kriegsgebiet immer wieder rasche Umplanungen notwendig.
Wo gekämpft wird, wird die Funktionalität von Kampfmitteln in Mitleidenschaft gezogen. Auch der Bergetrupp muss die Koordination der Bergemaßnahmen reibungslos gewährleisten können und die Instandsetzung am Schadensmaterial-Sammelpunkt allzeit zur Verfügung stehen.
Um sich als angreifende, Bispingen verteidigende Truppe zu kennzeichnen, haben die Besatzungen eine orange leuchtende Warnweste als Viereck auf der Rückseite ihrer Fahrzeuge angebracht (eine Kennzeichnung, die so auch real stattfinden könnte), die Gegner sind am Panzertape rot gekreuzt zu erkennen und die Schiedsrichter und nicht am Gefechtsgeschehen teilnehmenden Fahrzeuge am weiß gekreuzten Panzertape.

Die Unverzichtbaren im Gefecht der verbundenen Kräfte

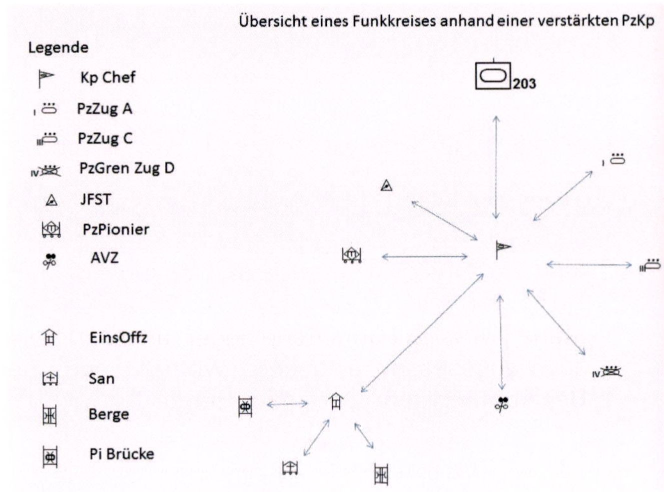

Der Kompaniechef hat zahlreiche Unterstützer im Gefecht, mit denen er Funkkontakt halten muss.
(Foto: 3./PzBtl 203, Augustdorf)

Die Panzergrenadiere

Panzergrenadiere zeichnen sich aus durch:
- Verbindung von Feuer und Bewegung,
- den angriffsweisen Stoß im Verbund mit Kampfpanzern,
- den schnellen Wechsel der Kampfweise zwischen auf- und abgesessenem Kampf,
- das enge Zusammenwirken der auf- und abgesessenen Kräfte,
- das vor allem beweglich geführte Gefecht.

Panzergrenadiere begleiten die eigenen Kampfpanzer der Panzertruppe und bekämpfen in Operationen verbundener Kräfte auf- und abgesessen feindliche Infanterie sowie mittels Panzerabwehrhandwaffen auch gepanzerte Fahrzeuge. Ausgebildet für den Kampf in vorderster Linie, gehören die Panzergrenadiere (PzGren) zu den gepanzerten Kampftruppen. Neun Soldaten finden im Schützenpanzer Marder Platz, dem Hauptwaffensystem der Panzergrenadiere. Er zeichnet sich durch hohe Beweglichkeit unter 600 PS und eine zuverlässige 20-mm-Maschinenkanone MK 20 RH 202 aus. Als Nachfolger wird der leistungsstärkere Schützenpanzer Puma mit der 30-mm-Bordmaschinenkanone des Typs MK 30-2/ABM eingeführt. Nimmt gegnerische

Infanterie den Marder ins Visier, muss die Besatzung rechtzeitig reagieren, um den Gegenschlag genau zu koordinieren. Besonders verwundbar sind die PzGren beim Absitzen vom Fahrzeug bei unklarer Gegnerlage oder einer Minensperre. Das zügige Verlassen des Marders ist ständiges Trainingsprogramm, die Handgriffe müssen sitzen. Ihre größte tragbare Waffe ist die Panzerfaust 3, eine rückstoßarme Schulterwaffe, die seit 1998 zum Bestand gehört. Sie besitzt eine ausreichende Wirkung gegenüber allen bekannten Panzertypen. Aufgesessen erlaubt die am Turm montierte Panzerabwehrwaffe MILAN (franz. Missile d'Infanterie léger antichar), die auch abgesessen eingesetzt werden kann, die Bekämpfung gepanzerter Fahrzeuge.

Die Panzerpioniere

Die Pioniere der Bundeswehr zählen zu den Kampfunterstützungstruppen. Ausbildung und technische Ausrüstung befähigen sie, Beweglichkeit und Durchhaltefähigkeit der eigenen Truppe zu fördern sowie die Beweglichkeit gegnerischer Truppen zu hemmen.

Aufgaben der Panzerpioniere im Angriff:

- Überwinden von Sperren,
- Überwinden von Geländehindernissen, insbesondere Gewässern,
- Anlegen von Sperren zum Schutz von Flanken und zur Verstärkung des Geländes nach Nehmen des Angriffszieles,
- Gangbarmachung, zumeist im Zuge von Straßen.

Um diese Aufträge ausführen zu können, verfügen die Panzerpioniere über den Pionierpanzer (PiPz) Dachs, die Panzerschnellbrücke (PSB) Biber, den Minenräumpanzer (MiRPz) Keiler, den Transportpanzer (TPz) Fuchs, den Minenwerfer (MiW) Skorpion und das Minenverlegesystem 85 (MiV).

Das »Joint Fire Support Team« (JFST)

Das JFST ist ein Zusammenschluss von Artilleriebeobachtern, Vorgeschobenen Beobachtern der Mörser und der Fliegerleittrupps in einem Team. In Begleitung der Kampftruppe ist es befähigt, Steilfeuer (Rohr- und Raketenartillerie, Mörser, Naval Gunfire Support) und Luftnahunterstützung »Close Air Support« (CAS) anzufordern und zu lenken (Streitkräftegemeinsame Taktische Feuerunterstützung [STF]).

Das Konzept der Bundeswehr teilt die Beobachter in zwei Trupps mit je einem Fahrzeug. So besteht ein JFST aus einem Beobachtertrupp für Steilfeuer (BODEN-BODEN) mit Feuerunterstützung durch Artillerie, Mörser und ggf. Schiffsartillerie, und einem Fliegerleittrupp (LUFT-BODEN) für Luftnahunterstützung durch Kampfhubschrauber, unbemannte Luftfahrzeuge »Unmanned Aerial Vehicles« (UAVs, = Drohnen) und Flugzeuge.

Der Vierrad-Panzerspähwagen Fennek, benannt nach dem gleichnamigen Wüstenfuchs, ist als Nachfolger des Spähpanzers Luchs das Hauptwaffensystem der Heeresaufklärungstruppe und auch dem JFST zugeteilt. Seine aussagekräftigste Waffe ist die Granatmaschinenwaffe 40 × 53 Millimeter. Die »Beobachtungs- und Aufklärungsausstattung« (BAA) enthält das Wärmebildgerät Ophelios, den augensicheren Laserentfernungsmesser Molem sowie eine visuelle Schwarz-Weiß-CCD-Kamera und die »Bodensensorausstattung Ortung und Identifizierung« (BOSA), die mit stationären Sensoren zur Überwachung von Räumen und im Versteck eingesetzt wird. So können über einen längeren Zeitraum markante Geländepunkte, wichtige Straßen oder Durchlässe überwacht werden.

Vorteilhaft für die Geländegängigkeit des allradgetriebenen Wüstenfuchses ist sein niedriger Schwerpunkt bei einer Höhe von nur 1,79 Metern und eine Reifendruckregelanlage. Das Gefechtsgewicht beträgt rund 10,5 Tonnen. Als Höchstgeschwindigkeit auf der Straße werden 120 km/h angegeben, die Geschwindigkeit wird jedoch elektronisch auf 92 km/h abgeregelt. Eine Fünf-Tonnen-Winde erlaubt dem Fennek die Selbstbergung.

Der Aufklärungs- und Verbindungs-Zug (AVZ)

Der AVZ stellt die erste Reihe der Aufklärung des Panzerbataillons und ist in der Regel mit dem Wolf unterwegs. Das Fahrzeug ist »relativ« leise und unauffälliger als Kettenfahrzeuge.

Durch den AVZ ist die Panzertruppe zur Luftaufklärung befähigt, ohne direkte Unterstützung anderer spezialisierter Einheiten. Diese werden

erst aktiv bei einer Aufklärungstiefe von mehr als 5000 Metern. Der AVZ besitzt die Fähigkeit zur Aufklärung und zum Starten der ALADIN-Drohne.
ALADIN (= Abbildende Luftgestützte Aufklärungsdrohne im Nahbereich) ist eine Aufklärungsdrohne für Ziel-, Wirkungs- und Lageaufklärung bei Tag und Nacht. Die Aufklärungsergebnisse liegen in Echtzeit vor und ermöglichen schnelle Entscheidungen auf der Basis detaillierter Lagebeurteilungen. Die Soldaten des AVZ können das Fluggerät fachgerecht zusammensetzen und kennen das richtige taktische Verhalten für einen möglichst unauffälligen Einsatz der Drohne.

Typenblatt ALADIN	
Antrieb	Bürstenloser Gleichstrommotor 12 V
Energieversorgung	Lithium-Polymer-Batteriepaket 14 V, 9 Ah
Geschwindigkeit	45–70 km/h
Flughöhen	50–150m über Grund
Maximal zulässige Windgeschwindigkeit (Böen eingeschlossen)	Start und Landung zirka 8,0 m/s, Flug zirka 10,0m/s
Länge	1,53 m
Breite (Spannweite)	1,46 m
Höhe (inkl: Antenne)	0,36 m
Masse	ca. 3,20 kg

Die Durchführung eines Gefechts muss in allen Phasen und all seinen Einzelaufträgen bis ins Detail geplant werden.

Das Gefecht

Dann wird es ernst. Das Marschband setzt sich zusammen wie folgt: PzZg Charly + JFST, PzZg Alpha mit 3.0 = Chef 3. Kp und 3.3 = Kompanietruppführer, Pioniere, Delta-HalbZg, 3.2 = Kompanieeinsatzoffizier 3. Kp, San, PzSchnBr, Delta-HalbZg.

Die Leoparden sehen nicht nur gefährlich aus, dieses Mal sind sie es auch. Bispingen ist in Not. Die Kampfpanzer, vereint mit den Kräften der verbundenen Waffen, haben sich aufgemacht, um die gewalttätigen Rotlandaktivitäten zu stoppen.

PzZg Alpha marschiert einige Minuten hinter Spitzen-Zug Charly. Der Boden fängt an, leicht zu vibrieren. Die rollenden Ketten kerben Schneisen in die violett leuchtenden Heidekrautflächen und hinterlassen auf den sandgefluteten Panzerbahnen Spuren wie eine Visitenkarte aus Stahl. Gleichbleibend sonor klingen die Motorengeräusche beim Einfließen in den Operationsraum. Die Kampfpanzerbesatzungen nutzen die Höhenlinien zum Annähern, halten sich an den Grundsatz: »Fahren, wie das Wasser fließt«. Hier gehen die Panzergrenadiere in Stellung und dienen auf Grund der geringen Kampfentfernung als Flankenschutz. Die Hauptkräfte befinden sich kurze Zeit in Deckung, damit die Stellung nicht sofort aufgeklärt wird.

In Deckung hinter einer schützenden Kiefernschonung. Der Gegner ist in unmittelbare Nähe, die Leoparden haben Fühlung aufgenommen.

Es kann losgehen: über ausgetüftelte Wege Richtung Angriff.

Etwas später, beim Überschreiten der festgelegten Wege, breitet sich die buchstäblich spürbare Ruhe vor dem Sturm aus. Ein gegnerischer Kampfpanzer ist ins Visier geraten. Innen im Kampfraum Leopard 2 sind alle zum Bersten konzentriert. Das Ziel wird (an)gerichtet, die Munition ist geladen, der Kommandant in Hochspannung. Er gibt Befehle im Sekundentakt. Im richtigen Moment, links eingesetzt, rückversichert sich der KpChef mit kompromissloser Stimme: »Alpha, Feuer soweit vorbereitet?«

»Feuer vorbereitet!« Der Leopard 2 greift an, laut, entschlossen und präzise. Es gelingt der Alpha-Crew, gegnerische Sicherungskräfte im Zusammenwirken mit der Artillerie und im Schulterschluss mit ihrem unverzichtbaren Buddy, dem PzZg Charly, zu zerschlagen. Für einen Moment sinkt der Puls; die wachsame Anspannung jedoch bleibt konstant.

PzZg Charly marschiert, verstärkt durch das JFST, fünf Minuten der Kompanie voraus, fließt geländesicher und ohne Verzögerung in den Gefechtsstreifen ein. Jetzt muss die Besatzung beweisen, was sie drauf hat. Der Kampfpanzer greift rechts eingesetzt an, im Schulterschluss mit PzZg Alpha. »Treffer!« Das AGDUS-System des gegnerischen Panzers beginnt zu blinken, sein Turm fährt 180 Grad nach hinten. Nach kurzer Zeit visiert die Kanone erneut ein Ziel an. Doch es ist nur ein Scheinangriff, um die eigentliche Angriffsrichtung zu verschleiern. Im Dunst von abgefeuerten Rauchgranaten weicht PzZg Charly aus und bezieht am markanten Wegepunkt Stellung.

Verzögerungstaktik. Unter abgefeuerten Rauchgranaten wird der verschleierte Rückzug angetreten.

Jetzt kann nördlich und nach Süden gewirkt werden. PzZg Charly sichert die rechte Flanke. Schnell wird klar, dass auf gegnerische Kräfte im Raum Üb-Dorf Barbara im Zusammenwirken mit JFST gewirkt werden kann. Der Weg dorthin geht über Freiflächen. Die Geschwindigkeit wird höher. Getreu dem Motto: Feuer und Bewegung. Unglaublich schnell sind die Leoparden mitsamt ihren Hauptakteuren unterwegs. Manche Richtschützen kommen jetzt schlichtweg an ihre Magenverträglichkeitsgrenze. Auch der Körper des Ladeschützen wird zwischen seinen eigenen Kampfraumfronten hin- und hergeschüttelt. Geschickt stützt sich der Ladeschütze mit den Armen so ab, dass er trotz Rüttelfahrt die Kanone zügig beladen kann und sich selbst aufrecht

hält. Der Kommandant funkt ununterbrochen mit seinen Führungs- und Feuerunterstützern sowie seiner eigenen Besatzung. Er darf jetzt auf keinen Fall den Überblick über die Lage verlieren. »Drei Null, an alle, bleibt hart auf Linie, Feuer liegt im Ziel, Gegner weicht aus!« Die Teamarbeit entscheidet letztlich über den Erfolg. Seine »Schiffe« müssen durch harten Sturm, und er muss als würdiger »Kapitän« effizient denken, schnell taktieren und zielführend befehligen.

Die Schiedsrichter jagen mit ihrem Transportpanzer M113 hinterher. Staub und Dreck werden aufgewirbelt, als peitschte der Monsun durchs Land.

Ein Kampfpanzer weicht aus nach Osten. »Nachstoßen?« Alpha stößt sofort nach.

Im Angriffsschwung entlang Barbara-Dorf, im Gefecht der verbundenen Waffen. Die Leoparden werden begleitet von den Schützenpanzern Marder der Panzergrenadiere, dem Transportpanzer Fuchs und, weiß gekreuzt, den Schiedsrichterfahrzeugen.

Der PzGrenZg Delta marschiert zunächst auf Sichtweite hinter PzZg Alpha mit dem Kompanie-Chef und folgt ihm bis zu einem markanten Wegepunkt, wo er kurz Stellung bezieht. Die Grenadiere haben sich darauf eingestellt, auf Verdacht hin abgesessen sogenannte »Vulnerable Points« (VPs, verwundbare Stellen) wie Senken, in denen Minen liegen könnten, mit kleinen Trupps zu erkunden, um den Angriffsschwung möglichst aufrecht zu erhalten und bei Sperren die gegnerische Sperrsicherung zu werfen und diese im Zusammenwirken mit Pionieren zu öffnen.
»Charly, marsch, marsch, nachstoßen bis Bunker West.« Alles läuft nach Plan. Die Sicherungslinie wird durchstoßen und die Verzögerungslinie der gegnerischen roten Kompanie im Norddurchlass vermutet. Gleich darauf meldet Alpha: »Gegnermeldung; südlich Norddurchlass Kampfpanzer.« Es kommt zu erneutem Feuer. »Stehen im Feuerkampf.« Delta folgt PzZg Alpha im Angriff über die Heide und schützt die linke Flanke.
Auch die Aufklärungs- und Verbindungs-Gruppe (AVGrp) ist im Einsatz, um gegnerische Feldposten und Kräfte aufzuklären und Sperrlagen frühzeitig zu melden. Sie konnten am Südkreuz einen Spähpanzer, abgesessene Schützen sowie eine Drahtsperre aufklären. Die Panzerpioniere stellen sich darauf ein, die aufgeklärten Sperren im Zuge des Angriffs zu erkunden und im Zusammenwirken mit den PzGren zu öffnen. Sie folgen mit der Panzerschnellbrücke Biber und den Versorgungselementen gemäß dem Befehl des Kompanieeinsatzoffiziers (KEO) und fördern die eigene Bewegung mit unterstellten Kräften. Der Sanitätstrupp folgt dem Angriff sprungweise und wird vom KEO geführt.
Nach weiterem Feuerkampf und einigen Ausfällen auf beiden Seiten wird das Südkreuz genommen und der Angriff über die »Kleine Heide« fortgesetzt. Artilleristisches Störfeuer soll die Hauptstoßrichtung der Kompanie auf diesem Streckenabschnitt verschleiern.

Gefechtsfluss.

Durch die bataillonseigene Drohne ALADIN konnten rote Verzögerungskräfte aufgeklärt werden. Wertvolle Hinweise, welche dem Kompaniechef dabei helfen, sich für eine Angriffsachse zu entscheiden. Mit der schnellen Öffnung von Richtminen durch den mit Pionieren verstärkten Grenadierzug kann der Angriffsschwung zügig aufgebaut werden. Die enge Zusammenarbeit der Panzertruppe mit den Panzergrenadieren hat sich im Kampf gegen sperrstarke Gegner wiederholt bewährt. Kampfpanzer können somit eng durch die Grenadiere nachgezogen werden, was ein rasches Nehmen gesperrter Kreuzungen sowie das schnelle Werfen der Sperrsicherung ermöglicht.

Der KpChef befindet sich direkt hinter dem angreifenden Zug, als ein plötzliches artilleristisches Abriegeln das Nachstoßen von Alpha verhindert. »3.0, hier Delta, Kampfpanzer im Ausgang Jagen Weg, stehen unter Beschuss, unterstellter Kampfpanzer zerstört!«

»3.0, hier Charly, weichen aus!«

Sogleich ist die Stimme des Kompanietruppführers zu hören: »Charly hat auch einen verloren; wir dürfen uns nicht ins Artilleriefeuer drängen lassen«! Dann der Befehl vom Chef: »Fahrer Marsch, wir müssen nach ganz vorn!« Auf dem Weg, vorbei am ausgefallenen Panzer, wird der Besatzung des letzten Charly-Panzers Handzeichen gegeben, sofort auf Höhe anzugreifen. Mit 20 Zentimetern Luft zwischen den Kettenblenden legen beide Kampfpanzer los (3.0/C2). Bei einer Kampfentfernung zwischen zehn und zwanzig Metern entscheidet das Duellgefecht über Sein oder Nichtsein. Mehrere Schüsse brechen, der Rauch verzieht sich, die gegnerische Panzertruppe ist geschlagen. Für heute.

Bis allerdigs der gesamte acht Kilometer lange Übungsplatzabschnitt genommen ist, wird das Gefecht auf Grund von Unterbrechungen durch Übungsbesprechungen noch einen weiteren Tag andauern.

Y 998 295

Y 979 791

Kampfpanzer Leopard 2 im scharfen Schuss

Wer den Kampfpanzer Leopard 2 jemals aus unmittelbarer Nähe im scharfen Schuss erlebt hat, der wird von der Gewalt seiner Druckwelle und dem ohrenbetäubenden Knall tief beeindruckt und buchstäblich »erschüttert« sein. Denn wenn ein Leopard seine Kanone abfeuert, dann bebt die Erde tatsächlich!

Der Ladeschütze lädt: Die Kanone steht nach oben, das ist die Ladestellung zum schnellen Nachladen.

Die gigantische Druckwelle. In unmittelbare Nähe des Panzers kann sie allein schon tödlich sein.

Der beeindruckende Mündungsblitz ist nur für den Bruchteil einer Sekunde zu sehen. *(Foto: Hauptmann Michél Baumann)*

Das Geschoss (der gelbe Strich unter dem Pfeil) nimmt Kurs auf sein Ziel. *(Foto: Hauptmann Michél Baumann)*

MZ-Munition (s. Kapitel »Hauptwaffensystem«) gegen gehärtete und weiche Ziele durchdringt Bäume (Entfernung: 670 m) ebenso präzise wie ...

... sandgefüllte Doppelstock-Hescos (650 m), ...

... Lkws (1300 m) oder ...

... Stahlbetonmauern (750 m).

KE-Munition mit panzerbrechender Wirkung (s. Kapitel »Hauptwaffensystem«) wird zum Zerstören von mittel bis stark gepanzerten Zielen eingesetzt, hier aus einer Entfernung von 1300 m.

B

Zukunft

Die Panzertruppe als Bestandteil der Eingreif- und Stabilisierungskräfte

Die erste und bislang einzige Feuertaufe in einem Kriegsgebiet durchlebte die Panzertruppe der Bundeswehr mit ihrem Hauptwaffensystem Leopard 2 nach Beendigung des Kosovokonflikts im Juni 1999. Als erste Einheit des Gepanzerten Einsatzverbandes der Bundeswehr unter Führung von Brigadegeneral Fritz von Korff und der von ihr geführten Multinationalen Brigade Süd (MNB-S) rückte eine verstärkte Panzerkompanie im Gefolge britischer Truppen von Mazedonien in den Kosovo ein.

Zu dieser Zeit war das überwiegend von albanischer Bevölkerung bewohnte Gebiet eine Provinz Serbiens innerhalb der Bundesrepublik Jugoslawien. Ein zerfallenes Land, in dem eine Serie von Kriegen (10-Tage-Krieg Slowenien 1991, Kroatienkrieg 1991–1995, Bosnienkrieg 1992–1995), zusätzlich verübter Völkermord, ethnische Säuberungen und Massenvergewaltigungen grausame Blutspuren hinterlassen hatte. In der ersten Phase des Kosovokonflikts geriet die albanische paramilitärische Organisation UÇK (Befreiungsarmee

Die Panzertruppe auf dem Balkan. *(Foto: Bundeswehr)*

des Kosovo) in eine bewaffnete innerstaatliche Auseinandersetzung mit den jugoslawischen Ordnungskräften. In der zweiten, zwischenstaatlichen Phase erfolgte mit dem Einsatz von zeitweise über 1000 Kampfflugzeugen der »Operation Allied Force« (gemeinsame Kraft) eine der massivsten Luftkriegsoperationen der Militärgeschichte. Nach 72 Tagen ununterbrochenem Bombardement blieb Präsident Slobodan Milošević und dem serbischen Parlament nach der eindeutigen Nato-Ansage nichts weiter übrig, als dem am 6. Mai vorgelegten und am 3. Juni gebilligten Friedensplan der G-8-Staaten zuzustimmen.

Am 12. Juni, kurz nach Sonnenaufgang, wartete das Vorauskommando der Bundeswehr mit 450 Soldaten, ausgerüstet mit 28 Leopard-2A5-Kampfpanzern und weiteren elf gepanzerten Fahrzeugen auf das Signal zum Einmarsch. Kurz vor Mittag erhielten die deutschen Truppen den Marschbefehl.

Die Kampfpanzer der Panzerbataillone 33 und 214 bildeten die Spitze, gefolgt von Schützenpanzern, Räumfahrzeugen und Truppentransportern. Nach zaghaften UN-Einsätzen in Kambodscha und Somalia marschierte die Bundeswehr zum ersten Mal in ihrer Geschichte in einen Kriegseinsatz, mit dem Auftrag, im Kosovo ein multi-ethnisches, friedliches, rechtsstaatliches und demokratisches Umfeld mit autonomer Selbstverwaltung aufzubauen und dieses militärisch abzusichern. Die Kampfpanzer vom Typ Leopard 2 waren als Objektschutz- und Patrouillenfahrzeuge sowie an den Kontroll- und Beobachtungspunkten im Rahmen der »Show of Force« als Sicherungsfahrzeuge vorgesehen.

An der Spitze des deutschen Konvois fuhr ein serbischer Panzer, um gefährliche Konfrontationen mit abrückenden serbischen Truppen zu vermeiden. In einer Ortschaft brachten Dorfbewohner die Kolonne zum Stehen. Es waren Menschen, die sich monatelang versteckt gehalten hatten, um der Vertreibung zu entgehen, und die den Einmarschierenden jetzt zujubelten. Das deutsche Vorauskommando kam nur langsam voran. Kurz nach Mitternacht erreichte der Konvoi ohne Zwischenfälle Prizren. Dass deutsche Soldaten wie Befreier begrüßt wurden, ließ Kritiker des umstrittenen UN-Einsatzes zumindest in diesen Stunden verstummen.

Nachdem sich die Bedrohungslage gemildert hatte, wurden die 2A5 zum Jahreswechsel 2000/2001 gegen Leopard 2A4 ausgetauscht. Bei Unruhen in Mazedonien 2001 kamen einige 2A4 zu einem weiteren Einsatz. Die Kampfpanzer dienten als Objektschutzfahrzeuge für das dortige Logistiklager der Bundeswehr. Bis zum Abzug am Jahresende 2004 waren die Panzer im österreichisch-schweizerischen Camp »Casablanca« stationiert.

Das alles liegt Jahre zurück, doch heute ist die Frage längst wieder erlaubt, wohin der Leopard und wohin die Truppe, deren Hauptwaffensystem er ist, in Zukunft steuern soll. Der Einsatz des Kampfpanzers Leopard 2 ist immer wieder Diskussionsthema. Von einst 3500 Exemplaren, die im Kalten Krieg die Truppenübungsplätze Bergen-Munster, Grafenwöhr, Hohenfels, Baumholder und Münsingen umpflügten, bleiben nach Vollendung der Strukturreform gerade mal 225 übrig. Der Nachrichtensender n-tv negierte und anerkannte zugleich: »Der ›Leo2‹ ist eine röhrend-laute, tödlich effektive Kampfmaschine«. Natürlich haben auch Briten mit dem »Challenger 2«, die Franzosen mit dem »Leclerc« und die Amerikaner mit dem »M1A1 Abrams« ähnliches an »Kampfmaschinen« zu bieten. Doch hierzulande ist das etwas anderes. Das unselige Erbe aus der Zeit des Nationalsozialismus legt der Bundesrepublik eine ganz besondere Verantwortung auf, was zur Folge hat, dass Einsätze deutscher Kampfpanzertruppen unter einem noch schärferen Entscheidungsmikroskop seziert, gedreht und gewendet werden als bei den übrigen Bündnispartnern. Klassische Schlachten mit Panzern sind kaum noch denkbar, obwohl britische und amerikanische Truppen vor allem im Zweiten Golfkrieg gezeigt haben, dass mit Kampfpanzern immer noch erfolgreich operiert werden kann – falls nötig.

Zur Hauptaufgabe der Panzertruppe zählt immer noch der Kampf gegen gegnerische Panzerverbände im offenen Gelände. Im Rahmen der heutigen Auslandseinsätze der Bundeswehr jedoch müssten Kampfpanzer wohl in erster Linie Schutzfunktionen für die eigenen Kräfte übernehmen, was ihnen zwar zum Teil schon allein aufgrund ihrer abschreckenden Wirkung gelingen dürfte, was aber andererseits durchaus auch

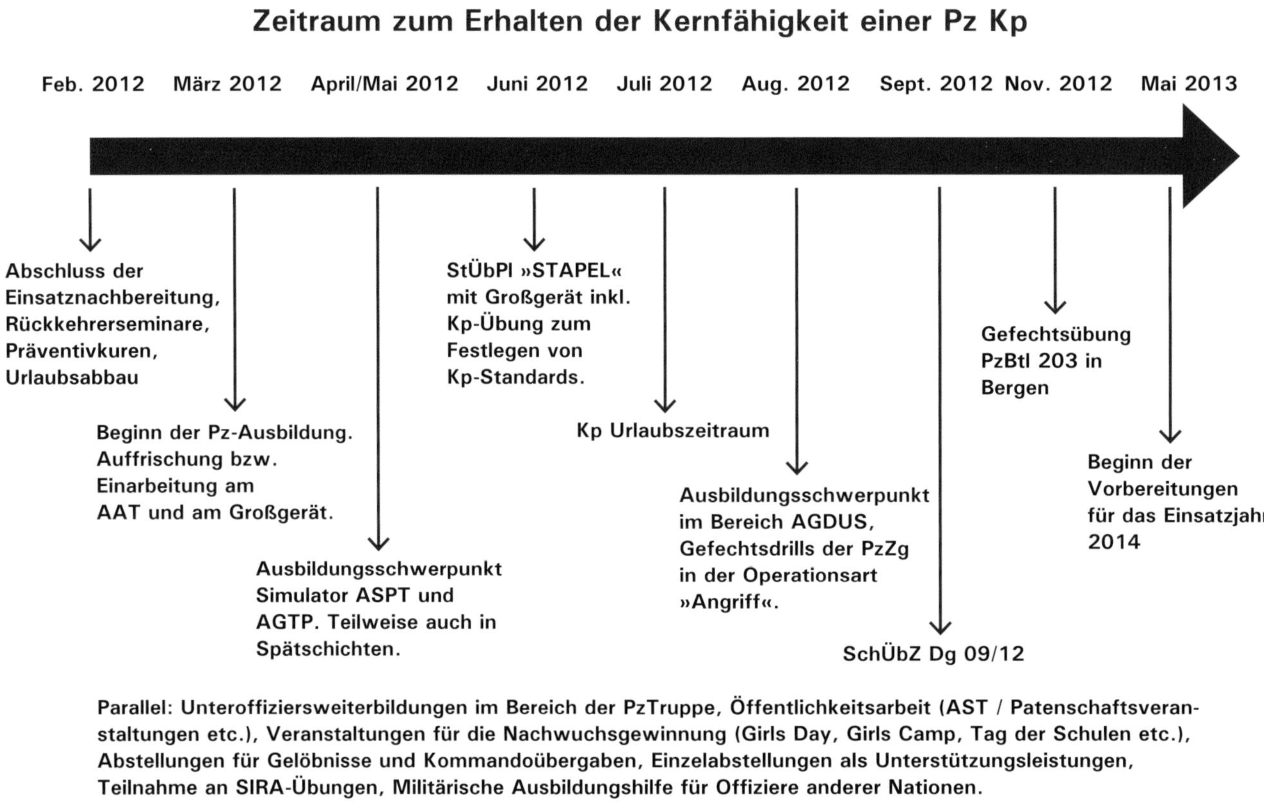

Exemplarischer Zeitstrahl zum Erhalt der Kernfähigkeit der Panzertruppe. *(Foto: 3./PzBtl 203)*

als Provokation missverstanden werden könnte.
Oft wird nach der Stellung der Panzertruppe im Arbeitsalltag der heutigen Bundeswehr gefragt. Seit Jahren ist diese Truppe mit ihrem Hauptwaffensystem in keinem Einsatz mehr präsent gewesen. Fahren sie den ganzen Tag »nur« Panzer und bereiten sich auf Kriege vor, die es längst nicht mehr gibt? Das ist eine durchaus berechtigte Frage, und die Antwort darauf mag manchen überraschen: Sie fahren zweigleisig.

Einmal erworbene Kompetenzen und Fähigkeiten müssen, wenn sie nicht wieder verkümmern sollen, immer wieder geübt, Stärken müssen genutzt und Schwächen beseitigt werden. Nur so kann jeder Panzersoldat, der im Innern des Leopard 2 seine Arbeit verrichtet, auf Abruf sofort auf volle Leistung hochfahren. Im Mittelpunkt konzeptioneller Überlegungen stehen als Reaktion auf das erweiterte Einsatzspektrum der Panzertruppe die technische Weiterentwicklung ihres Waffensystems (z. B. Leopard 2A7), aber auch Anpassungen an taktische und operative Erfordernisse.

Die Panzertruppe ist wandlungsfähig und wird im Auslandseinsatz umgangssprachlich zur »Panzer-Infanterie«. Ein Begriff, der zuerst irritiert, scheint er sich doch zu widersprechen: Infanteristen sind klassisch zu Fuß kämpfende, mit Handwaffen ausgerüstete Soldaten der Bodenstreitkräfte, Panzer hingegen motorisierte, meist auf Gleisketten rollende Fahrzeuge. Mit diesem in sich widersprüchlichen Begriff positioniert die Panzertruppe aber ganz bewusst ein Statement: In erster Linie ist sie »Panzertruppe«, in zweiter bei den Auslandseinsätzen regelmäßig infanteristisch als Teil der Eingreif- und Stabilisierungskräfte vor Ort, ob auf dem Balkan oder in den weitläufig verteilten Camps des afghanischen Nordens. Im neuen Heer werden die beiden Kräftekategorien bei der Panzertruppe nicht mehr voneinander getrennt, sondern sind als gemeinsame Kompetenz von allen Panzerbataillonen abrufbar.

Eingreifkräfte

- »Eingreifkräfte (EK)« bezeichnet als Begriff neben »Stabilisierungskräfte« und »Unterstützungskräfte« eine von drei Kräftekategorien der Bundeswehr. Diesen Kategorien werden die Verbände der Bundeswehr hinsichtlich Ausrüstung, Verfügbarkeit, Ausbildung und Fähigkeit zugeordnet.
- Verbände der Eingreifkräfte sind vorwiegend zur Krisenintervention vorgesehen und stellen die deutschen Beiträge zu Eingreiftruppen wie der NATO Response Force und die Kräfte für grundsätzlich in nationaler Verantwortung durchzuführende Rettungs- und Evakuierungsoperationen.
- Eingreifkräfte besitzen vorrangig die Fähigkeit zur Durchsetzung friedenserzwingender Maßnahmen gegen einen vorwiegend militärisch organisierten Gegner.
- Eingreifkräfte schaffen Voraussetzungen für friedensstabilisierende Operationen, deren Durchführung Hauptaufgabe der Stabilisierungskräfte ist. Bei Einsätzen zur Konfliktverhütung und Krisenbewältigung können diese beiden Kräftekategorien jedoch auch gleichzeitig oder in enger zeitlicher Abfolge zum Einsatz kommen. Sie sind daher zum Zusammenwirken befähigt.
- Eingreifkräfte müssen schnell abrufbar und überall einsetzbar sein.

Stabilisierungskräfte

- » Stabilisierungskräfte (SK) « bezeichnet als Begriff neben »Eingreifkräfte« und »Unterstützungskräfte« eine von drei Kräftekategorien der Bundeswehr. Diesen Kategorien werden die Verbände der Bundeswehr hinsichtlich Ausrüstung, Verfügbarkeit, Ausbildung und Fähigkeit zugeordnet.
- Stabilisierungskräfte stellen Kräfte für multinationale, streitkräftegemeinsame militärische Operationen niedriger und mittlerer Intensität.
- Im Gegensatz zu den Eingreifkräften sind sie für friedensstabilisierende Einsätze längerer Dauer vorgesehen. Bei Einsätzen zur Konfliktverhütung und Krisenbewältigung können diese zwei Kräftekategorien jedoch auch gleichzeitig oder in enger zeitlicher Abfolge zum Einsatz kommen. Sie sind daher zum Zusammenwirken befähigt.
- Im Rahmen friedensstabilisierender Einsätze sollen Voraussetzungen für den Aufbau staatlicher und gesellschaftlicher Strukturen (Nation Building) geschaffen werden. Konfliktparteien werden getrennt und die Bevölkerung geschützt.

Gesprächsaufklärung. Die Afghanen schätzen die deutschen Soldaten. *(Foto: 3./PzBtl 203, Hauptmann Thomas Doppmeier)*

Auch das kommt vor: Bergen eines Dingos. Die Straßenverhältnisse sind »elastisch«.
(Foto: 3./PzBtl 203, Hauptmann Thomas Doppmeier)

Beobachten rund um die Uhr. Trotz der Schönheit der Landschaft wird nie vergessen: Im Land herrscht Krieg.
(Foto: 3./PzBtl 203, Hauptmann Thomas Doppmeier)

Die Panzersoldaten sind im weitläufigen afghanischen Norden mit ihren Dingos unterwegs. *(Foto: 3./PzBtl 203, Hauptmann Thomas Doppmeier)*

Auch das Versorgen einheimischer Verwundeter schafft Vertrauen in der afghanischen Bevölkerung.
(Foto: 3./PzBtl 203, Hauptmann Thomas Doppmeier)

Fazit: Die Panzertruppe ist auch mit Beendigung des Kalten Krieges nicht zu einer Museumstruppe geworden. Unverändert bleibt sie der zum mechanisierten Kampf befähigte Kern des Heeres und steht dort im Mittelpunkt, wo es um Landoperationen, Durchsetzungs- und Durchhaltefähigkeit sowie robuste Mandate geht. Neben der Inübungshaltung ihres »Panzergeschäfts« im Heimatland und den infanteristisch geprägten Auslandseinsätzen als Eingreif- und Stabilisierungskräfte schult sie auch Partner und Verbündete an den Waffensystemen. Ein besonderer Schwerpunkt liegt auf der Leopard-2-Ausbildung der kanadischen Bündnispartner, welche seit August 2007 20 Leopard 2A6M-CAN für ihren ISAF-Einsatz in Afghanistan von Deutschland geleast haben.
Bei einem Sprengfallen-Anschlag auf einen kanadischen Leopard am 2. November 2007 überlebte die komplette Besatzung. Ein kanadischer Offizier schrieb an das Bundesministerium für Verteidigung: »Meine Crew stieß auf ein IED und ging in die Geschichte als erste Besatzung ein, die das ›M‹-Paket getestet hat. Es funktionierte so, wie es sollte.« Er berichtete weiter, dass es

Ganz gleich, wer einem begegnet, man weiß nie, wie diese Begegnung verläuft. Eine gewisse Anspannung wird zum ständigen Begleiter im Einsatzalltag. *(Foto: 3./PzBtl 203, Hauptmann Thomas Doppmeier)*

in einem anderen Fahrzeug wohl keine Überlebenden gegeben hätte. Lediglich der Fahrer des Panzers erlitt einen Bruch der Hüfte, die restliche Besatzung kam mit Prellungen davon.

Mit den Kanadiern verbindet die deutsche Panzertruppe eine lange Tradition. Zu Zeiten, in denen das Gefechtsschießen noch im Verband des Bataillons im großen Rahmen geübt wurde, mietete die BRD ab 1974 den kanadischen Truppenübungsplatz Shilo in Manitoba an. Im Unterschied zu Deutschland waren die Panzer hier nicht an feste Trassen gebunden, die Vorgehtiefe betrug ungefähr zehn Kilometer. Jedes übende Panzerbataillon erhielt als Erinnerung einen bronzenen Bison. Im Jahr 2000 wurde der Übungsplatzbesuch von den Deutschen eingestellt. Auch in Wales war man schon seit Anfang der 60er-Jahre auf dem Truppenübungsplatz Castlemartin vertreten, der 1996 aufgegeben wurde. Die kanadische Regierung schuf noch etwas Besonderes. 1963 wurde die Idee geboren, einen internationalen Wettbewerb im Schießen mit Kampfpanzern zu veranstalten, in dem Panzerbesatzungen der in der europäischen Mitte stationierten NATO-Landstreitkräfte gegeneinander antreten sollten. So stiftete die kanadische Regierung die »Canadian Army Trophy for NATO Tank Gunnery«. Zwei Fliegen mit einer Klappe sollten geschlagen werden: der Leistungsstand im Panzerschießen verbessert und die Kameradschaft gefördert werden. Dabei wurde das Schießen für Einzelpanzer, Panzergruppen und Panzerzüge durchgeführt. 1991 fand dieser Wettbewerb zum letzten Mal statt.

Für die deutsche Panzertruppe sind Operationen in urbanen Gebieten die aktuelle Herausforderung der »neuen Kriege«. Natürlich muss der klassische Orts- und Häuserkampf, bei dem Gebäude um Gebäude, Zimmer um Zimmer durchkämmt wird, vom Kampf in Siedlungen, Industriegebieten und komplexer Infrastruktur unterschieden werden. Der Verbund der Kräfte macht's letztendlich, er bringt bestmöglichen Schutz und Wirkung hervor. In urbanen Szenarien können Kampfpanzer, ausgestattet mit entsprechendem Equipment wie integrierten vernetzten Systemen, moderner Robotik und Sensorik, Räumschild und kürzerer Kanone, auch auf kurze Entfernungen effektiv wirken.

Die Evolution des Leopard 2 schreitet weiter fort. Und seine Besatzung ist schon seit langem so anpassungsfähig wie ein Chamäleon.

Der »Panzergeist« lebt

Interview mit Oberstleutnant Georg Küpper, Leiter Ausbildung/Koordination im Ausbildungszentrum Munster

Rudolph: Welche Auswirkungen hat die Neuausrichtung der Bundeswehr auf die Panzertruppe?
OTL Küpper: Faktoren wie die möglichen Einsatzszenarien, veränderte Risiken, gemachte Einsatzerfahrungen, aber auch demographische Entwicklungen und nicht zuletzt auch die Finanzierbarkeit spielten bei allen Überlegungen eine entscheidende Rolle. Vor diesem Hintergrund konnten strukturelle Veränderungen der Streitkräfte nicht vor der Panzertruppe halt machen. Aber sie bleibt integraler Bestandteil der Neuausrichtung im Rahmen der Struktur »HEER2011« und gehört aus gutem Grund auch unverändert zum Fähigkeitsspektrum der Bundeswehr.
In der Struktur »HEER2011« verbleiben das Panzerlehrbataillon 93 (MUNSTER), Panzerbataillon 203 (AUGUSTDORF), Panzerbataillon 104 (PFREIMD), Panzerbataillon 393 (BAD FRANKENHAUSEN) sowie die teilgekaderten Bataillone Panzerbataillon 414 (MUNSTER) und das Gebirgspanzerbataillon 8 (PFREIMD). Damit verfügt jede der sechs Kampftruppenbrigaden über jeweils ein Panzerbataillon. Im Verbund mit den insgesamt nunmehr neun aktiven und den zusätzlich zwei nicht aktiven Panzergrenadierbataillonen bleibt die Befähigung zum mechanisierten Kampf der Panzertruppen erhalten.
Rudolph: Gibt es nach Aussetzung der Wehrpflicht ausreichend freiwillige Mannschaftssoldaten, die sich für den Dienst bei der Panzertruppe melden?
OTL Küpper: Aktuell reichen die Bewerberzahlen aus, um den Bedarf zu decken. Das gilt sowohl für freiwillig Wehrdienstleistende als auch Mannschaftssoldaten auf Zeit. Jedoch wäre ein größeres Bewerberaufkommen und damit verbunden eine größere Auswahl wünschenswert. Um das dauerhaft zu erreichen, wird an der Attraktivität der Mannschaftslaufbahn gearbeitet.

Oberstleutnant Georg Küpper.

Rudolph: Wie darf man sich den Einsatz der Panzertruppe bei einem eventuellen Einsatz auf den heutigen Kriegsschauplätzen der asymmetrischen Bedrohungslagen vorstellen?
OTL Küpper: Die Fähigkeiten der Panzertruppe und der Panzergrenadiertruppe ergänzen sich idealtypisch. Hier liegt auch der Schlüssel für zukünftige Erfolge. Speziell in der unmittelbaren Zusammenarbeit mit den neuartigen Fähigkeiten des SPz PUMA können die leistungsgesteigerten KPz LEOPARD 2 ihre Stärken auch unter asymmetrischer Bedrohung voll zur Geltung bringen. Durch das Zusammenwirken mit den Fähigkeiten anderer Truppengattungen und Teilstreitkräften können diese noch erheblich gesteigert werden. Das gilt auch für den Einsatz in einem urbanen Umfeld. Hier wird der LEOPARD 2 mit seiner hohen Durchsetzungsfähigkeit zu einer vorzüglichen Unterstützungswaffe für die Panzergrenadiere.
Rudolph: Die Truppe soll 20 LEOPARD 2A7 erhalten. Inwiefern wird sich mit diesem an modernste Bedürfnisse militärischer Operationen angepassten Kampfpanzer die Gefechts- und Schießausbildung verändern?
OTL Küpper: Der LEOPARD 2A7 resultiert aus aktuellen Einsatzerfahrungen und den daraus

abgeleiteten Forderungen der Truppe, um Fähigkeitslücken zu schließen. In dieser geringen Stückzahl sind sie ausschließlich für den Einsatz vorgesehen und nicht als Standardausrüstung der Panzertruppe. Die neuen Fähigkeiten sind konzeptionell bereits in die Einsatzgrundsätze eingeflossen und sind in den aktuellen Führungsvorschriften der Panzertruppen verankert. Selbstverständlich wurden diese Neuerungen bereits in die lehrgangsgebundene Ausbildung, die Truppenausbildung, das Leadership-Training und die einsatzvorbereitende Ausbildung integriert. Dazu wurden auch spezielle Ausbildungseinrichtungen entwickelt wie z.B. die in Europa einzigartige Schießanlage »Urbane Operationen BARBARA-Dorf« auf dem Truppenübungsplatz MUNSTER-Nord. Hier kann der Einsatz der Panzertruppen in einem urbanen Umfeld, im scharfen Schuss, beinahe rundum (270° Grad), mit allen Waffensystemen von der Pistole bis zur Panzerkanone geübt werden.
Rudolph: Welche charakteristischen Anforderungen werden dienstgradübergreifend an Besatzungsmitglieder eines Kampfpanzers gestellt?
OTL Küpper: Die Panzerbesatzungen sind oft tagelang gemeinsam im Panzer, ohne diesen verlassen zu können. Da sind vor allem charakterliche Eigenschaften wie Toleranz, respektvoller Umgang miteinander, Bescheidenheit und Zuverlässigkeit gefordert. Darüber hinaus sind Teamgeist und der unbedingte Wille, die bestmögliche Leistung in der jeweiligen Funktion zu erzielen, eine Voraussetzung für leistungsstarke Panzerbesatzungen.
Rudolph: Wie reagieren das persönliche Umfeld und die Gesellschaft auf ihren Beruf als Panzersoldat?
OTL Küpper: Insgesamt ist die deutsche Gesellschaft wenig am Soldatenberuf interessiert. Dennoch übt der Panzer, und hier vor allem der LEOPARD 2, eine ungeheure Faszination auf die Menschen aus. So kommt es immer wieder zu guten, tiefschürfenden Gesprächen. Die Unterstützung aus dem privaten Umfeld ist von größter Bedeutung für die Panzersoldaten. Der Beruf und die damit verbundenen außergewöhnlichen Belastungen durch Ausbildung und Einsatz müssen durch die Familien mitgetragen werden. Ist das nicht der Fall, sind viele Soldaten-Ehen zum Scheitern verurteilt.
Rudolph: Von den ehemals zirka 3000 Kampfpanzern der Bundeswehr gibt es bald nur noch 225 Stück. Hunderte ehemaliger Besatzungsmitglieder werden wohl ihr Leben lang an diese Zeit zurückdenken. Wie sehr ist die Verbundenheit mit dieser Zeit auch heute noch präsent?
OTL Küpper: Diese Feststellung beschreibt den vorläufigen Endpunkt eines Prozesses, der bereits mit dem Ende des Kalten Krieges vor über 20 Jahren begann. Viele dieser Panzermänner haben die Bundeswehr mit Ablauf ihrer Dienstzeit bereits verlassen. In der Zwischenzeit ist eine neue Generation in der Führungsverantwortung bis einschließlich der Bataillons-Ebene, die die Zeiten der Großen Herbstübungen im freien Gelände vor dem Hintergrund der erwarteten »Panzerschlachten in der Norddeutschen Tiefebene« nicht erlebt haben. Während früher die Erfahrungen durch Ausbildung, Übung und die permanente Bedrohung geprägt waren, sind das heute die tiefgreifenden Erfahrungen aus dem realen Einsatz, die die Generationen verbinden. Vor diesem Hintergrund ist das Schwelgen in der Vergangenheit kontraproduktiv mit Blick auf eine zukunftsorientierte Weiterentwicklung der Panzertruppe. Unverändert geblieben sind aber das schwarze Barett als Identifikationssymbol, der »Panzergeist« und der Waffenstolz.
Rudolph: Zuletzt die heitere Schlussfrage: Fährt jemand, der mit dem LEOPARD 2 beruflich unterwegs ist, anders Auto als ein »Normalsterblicher«?
OTL Küpper: Grundsätzlich gibt es da keinen gravierenden Unterschied. Wenn überhaupt, fahren die ausgebildeten Militärkraftfahrer wohl eher etwas aufmerksamer und umsichtiger, bedingt durch die intensive Ausbildung und das praktische Erleben der einzigartigen Fahreigenschaften eines so leistungsstarken Fahrzeuges. Mit dem Wegfall der Herbstmanöver und dem Verzicht auf Informationsspots wie der »7. Sinn« ist das Wissen der zivilen Kraftfahrer über die Besonderheiten von Ketten-Fahrzeugen im öffentlichen Straßenverkehr, z.B. beim Bremsen, leider verloren gegangen.

Anhang

Die Sprache der Panzertruppe

Abk./Begriff	Erläuterung
AAT	Ausbildungsanlage Turm
AGDUS	Ausbildungsgerät Duellsimulator
AGPT	Ausbildungsgerät Gefechtssimulator Panzertruppe
ASPT	Ausbildungsgerät Schießsimulator Panzertruppe
Bataillon	Militärischer Verband (ca. 300 bis 1200 Soldaten)
BIV	Bildverstärker für das Fahren bei Nacht (Restlichtverstärker)
BK	Bordkanone
CAS	Close Air Support, Luftnahunterstützungsmission
DF	Doppelfernrohr
Division	Militärischer Großverband (ca. 10.000 bis 30.000 Soldaten)
EMES	Entfernungsmesser
E-WNA	Elektrische Waffennachführanlage
FAC	Forward Air Controller (Fliegerleitoffizier)
FERO	Fernrohr (auch Turmzielfernrohr)
FJA	Feldjustieranlage
FLA	Feuerleitanlage
Fla-MG	Fliegerabwehr-Maschinengewehr
FLOK	Fehlerlokalisierung
FLW	Fernbedienbare Leichte Waffenstation
Geländesandkasten	Sandkasten im Gelände, mit verfügbaren Mitteln auf dem Boden angelegt
GPS	Global Positioning System
GÜZ	Gefechtsübungszentrum Heer
HE-Geschoss	High-Explosive-Geschoss
HZF	Hauptzielfernrohr
JFST	Joint Fire Support Team, Zusammenschluss der Artilleriebeobachter, vorgeschobenen Beobachter (VB) und Fliegerleittrupps (FAC)
Kdt	Kommandant
KE-Munition	Kinetische-Energie-Munition
Kompanie	Kleinste disziplinarische Einheit (ca. 60 bis 250 Soldaten)
Korps	Truppenverband, der in der Regel aus mehreren Waffengattungen besteht (ca. 40.000 bis 80.000 Soldaten)
KPz	Kampfpanzer
LS	Ladeschütze
Marsch	Fahrt im geschlossenen Verband
MOUT	Military Operations in Urban Terrain
MZ-Munition	Mehrzweck-Munition
Panzer-Halbzug	besteht aus 2 Panzern

Abk./Begriff	Erläuterung
Panzerzug	besteht aus 4 Panzern
PERI	Rundblickperiskop
PSO	Peace Support Operations
PzGrenZg	Panzergrenadierzug
PzPi	Panzerpioniere
Regiment	besteht aus 2 bis 4 Bataillonen oder mehreren Kompanien
RS	Richtschütze
SchÜbZ	Schießübungszentrum
SEM	Sender/Empfänger, Sende- und Empfangsgerät für den Sprechfunk
SIRA	Simulationssystem für Rahmenübungen
Tiefwaten	Durchfahren von Wassertiefen ab 1,20 bis zu 2,25 Metern
TIM	Thermal Imaging Modul (WBG/PERI)
TURM AUS	Stromversorgung des Turmes ausgeschaltet
Unterwasserfahrt	Durchfahren von Wassertiefen ab 2,25 bis zu 4,0 Metern mit dreiteiligem Unterwasserfahrschacht
UrbOp	Urbane Operationen
Waten	Durchfahren von Wassertiefen von 0,80 bis zu 1,20 Metern
WBG	Wärmebildgerät
Wühlsandkasten	Holzsandkasten mit Feinsandfüllung. Bodenformen werden besonders hervorgehoben
Vulnerable Point	Verwundbarer Punkt (z. B. Geländesenken bzgl. Minen)

Leopard 2A5 bei einer Lehr-und Gefechtsvorführung. *(Foto: Bundeswehr)*

Einheiten der Panzertruppe der Bundeswehr[1]

Divisionen					
Name	**Aufstellung**	**Ort**	**Verlegung**	**Umbenennung/ Umgliederung**	**Auflösung**
1. Panzerdivision	01.04.1981 (aus 1. PzGrenDiv)	Hannover			
3. Panzerdivision	02.07.1956	Hamburg-Rahlstedt	01.07.1958 nach Buxtehude		30.09.1994
5. Panzerdivision	01.10.1956	Grafenwöhr	Februar/März 1957 nach Koblenz und Wetzlar, 1962 nach Diez		30.09.2001
7. Panzerdivision	01.08.1958	Lippstadt	16.03.1959 nach Unna, 01.04.1994 nach Düsseldorf	01.10.1958 in 7. Division, 16.03.1959 in 7. Panzergrenadierdivision, 01.10.1980 in 7. Panzerdivision	30.06.2006
10. Panzerdivision	01.01.1970 (aus 10. PzGrenDiv)	Sigmaringen			
12. Panzerdivision	01.01.1961	Tauberbischofsheim	vor 17.03.1965 nach Veitshöchheim	kurz nach Aufstellung in 12. Panzergrenadierdivision, später wieder in 12. Panzerdivision	01.03.1994

Brigaden					
Name	**Aufstellung**	**Ort**	**Verlegung**	**Umbenennung/ Umgliederung**	**Auflösung**
Panzerbrigade 2	1981 (aus PzGrenBrig 2)	Braunschweig			31.03.1993
Panzerbrigade 3	16.03.1959 (aus Kampfgruppe C 1)	Nienburg			30.12.1993
Panzerbrigade 6 (1)	1959 (aus Kampfgruppe A 2)	Marburg	1960 nach Neustadt	1981 in Panzerbrigade 14	
Panzerbrigade 6 (2)	1981 (aus PzBrig 34)	Hofgeismar			30.09.1993
Panzerbrigade 8	1959 (aus Kampfgruppe A 3)	Lüneburg		ab 1988 offizieller Namenszusatz »Lüneburg«, 1993 deaktiviert	31.12.2008

[1] derzeit (Frühjahr 2013) noch aktive Einheiten sind in der Tabelle blau unterlegt

Brigaden					
Name	**Aufstellung**	**Ort**	**Verlegung**	**Umbenennung/ Umgliederung**	**Auflösung**
Panzerlehrbrigade 9	01.02.1959	Munster			
Panzerbrigade 12	16.03.1959 (aus Kampfgruppe A 4)	Amberg		ab 1993 offizieller Namenszusatz »Oberpfalz«	
Panzerbrigade 14 (1)	16.05.1959 (aus Panzerkampf-gruppe A 5)	Koblenz		01.10.1981 in Panzerbrigade 34	
Panzerbrigade 14 (2)	01.10.1981 (aus PzBrig 6)	Neustadt		ab 1992 offizieller Namenszusatz »Hessischer Löwe«	30.06.2008
Panzerbrigade 15	1959 (aus Panzerkampf-gruppe C 5)	Koblenz		08.07.1988 offizieller Ehrenname »Wester-waldbrigade«	25.06.1993
Panzerbrigade 18	16.03.1959 (aus Kampfgruppe B 6)	Neumünster	2003 nach Boostedt	ab 26.04.1988 offizieller Namens-zusatz »Holstein«	19.06.2008
Panzerbrigade 20	01.04.1964	Hemer	01.04.1976 nach Iserlohn	1970 Umwandlung in Panzerregiment 100, 1975 Rückum-wandlung in Panzer-brigade 20, ab 1990 offizieller Namens-zusatz »Märkisches Sauerland«	19.03.1992
Panzerbrigade 21	16.03.1959 (aus Panzerkampf-gruppe C 3)	Augustdorf		ab Juni 1988 offiziel-ler Namenszusatz »Lipperland«	
Panzerbrigade 24	01.07.1959	Mittenwald	1960 nach Murnau, 06.04.1966 nach Landshut	06.04.1966 in Panzergrenadierbri-gade 24, 01.10.1981 Rückbenennung in Panzerbrigade 24; ab 21.10.1988 offizieller Namenszusatz »Niederbayern«; 01.10.1992 Umglie-derung in teilaktive mechanisierte Brigade	30.09.1994
Panzerbrigade 28	01.04.1975 (aus PzRgt 200)	Dornstadt			1992-1994
Panzerbrigade 29	1967 (aus PzGrenBrig 29)	Sigmaringen		ab 1990 offizieller Namenszusatz »Südbaden-Hohen-zollern«	30.09.1993

Brigaden					
Name	**Aufstellung**	**Ort**	**Verlegung**	**Umbenennung/ Umgliederung**	**Auflösung**
Panzerbrigade 30	16.03.1959 (aus Panzerkampf-gruppe C 4)	Ellwangen		01.04.1981 in Panzergrenadier-brigade 30; ab 01.04.1993 offizieller Beiname »Alb-Brigade«	31.03.2008
Panzerbrigade 33	02.02.1959	Lingen	26.01.1976 nach Celle	ab 01.07.1989 offizieller Namens-zusatz »Celle«	30.09.1993
Panzerbrigade 34 (1)	01.04.1975	Kassel		01.10.1981 in Panzerbrigade 6	
Panzerbrigade 34 (2)	01.10.1981 (aus PzBrig 14)	Koblenz	1994 nach Diez	29.03.1990 offizieller Namenszusatz »Koblenz«	15.03.2002
Panzerbrigade 36	1963	Bad Mergent-heim	November 1993 nach Veitshöch-heim	ab Juli 2000 offiziel-ler Namenszusatz »Mainfranken«	07.06.2002
Panzerbrigade 39 »Thüringen«	01.01.1995 (aus HSchBrig 39)	Erfurt			30.09.2001
Panzerbrigade 42 »Brandenburg«	02.01.1995 (aus HSchBrig 42)	Potsdam			30.06.2003

Regimenter					
Name	**Aufstellung**	**Ort**	**Verlegung**	**Umbenennung/ Umgliederung**	**Auflösung**
Panzerregiment 100	März 1970 (aus PzBrig 20)	Hemer		1975 Rückumwand-lung in Panzer-brigade 20	
Panzerregiment 200	1971	Dornstadt		01.04.1975 in Panzerbrigade 28	
Panzerregiment 300	war nur geplant, Aufstellung ist nie erfolgt				

Bataillone					
Name	**Aufstellung**	**Ort**	**Verlegung**	**Umbenennung/ Umgliederung**	**Auflösung**
Panzerlehrbatail-lon	03.04.1956	Munster (Hauptlager)	1. Quartal 1958 nach Munster (Lager Schei-benhof)	01.12.1958 in Panzerlehrbataillon 93	
Panzerbataillon 1	01.07.1956	Dedelsdorf	Juni 1957 nach Augustdorf	16.03.1959 in Panzerbataillon 213	
Panzerbataillon 2	01.07.1956	Bonn	16.07.1956 nach Hemer	16.03.1959 in Panzerbataillon 204 (1)	

Bataillone					
Name	**Aufstellung**	**Ort**	**Verlegung**	**Umbenennung/ Umgliederung**	**Auflösung**
Panzerbataillon 3	01.08.1956	Hamburg-Rahlstedt		16.03.1959 in Panzerbataillon 174	
Panzerbataillon 4	01.07.1956	Weiden	16.07.1956 nach Amberg	16.03.1959 in Panzerbataillon 123	
Panzerbataillon 5	01.09.1956	Hohenfels	15.02.1957 nach Koblenz	16.03.1959 in Panzerbataillon 143 (1)	
Gebirgspanzerba-taillon 8	01.10.1981 (u.a. aus Teilen GebPzJgBtl 234)	Pocking			30.09.1996
Panzerbataillon 13	01.08.1956	Flensburg	15.03.1958 nach Neumünster-Boostedt	16.03.1959 in Panzerbataillon 183	
Panzerbataillon 14	01.07.1959 (aus Teilen PzBtl 153)	Koblenz	02.08.1959 nach Stadtoldendorf, 27.10.1962 nach Hildesheim		30.09.1992
Panzerbataillon 15	01.09.1956	Grafenwöhr	15.03.1957 nach Wetzlar	02.01.1959 in Panzerbataillon 134	
Panzerbataillon 21	01.04.1981 (aus Teilen PzBtl 23 [2], PZBtl 24 und PzGrenBtl 22)	Braun-schweig			30.09.1992
Panzerbataillon 23 (1)	10.01.1958 (aus PzBtl 3 und 13)	Hamburg-Rahlstedt	01.02.1958 nach Schwanewede	16.03.1959 in Panzerbataillon 324	
Panzerbataillon 23 (2)	01.04.1976 (u.a. aus Teilen PzBtl 24)	Braun-schweig (Roselies-Kaserne)	4/86–9/87 nach Braunschweig (Tannenberg-Kaserne)		31.03.1992
Panzerbataillon 23 (3) n.a.	1996	Braun-schweig			31.12.2003
Panzerbataillon 24	01.07.1960 (u.a. aus Teilen PzBtl 324)	Dedelsdorf	22.09.1962 nach Braunschweig (Roselies-Ka-serne), August 1993 nach Braunschweig (Heinrich-der-Löwe-Kaserne)		31.12.2003
Panzerbataillon 25	16.10.1957	Koblenz		16.03.1959 in Panzerbataillon 153	
Panzerbataillon 31	01.04.1981 (aus Teilen PzBtl 33 und PzGrenBtl 32)	Nienburg			30.09.1992

Bataillone					
Name	**Aufstellung**	**Ort**	**Verlegung**	**Umbenennung/ Umgliederung**	**Auflösung**
Panzerbataillon 33	01.12.1958 (aus Teilen PzLehrB-tl und PzBtl 3)	Munster (Lager)	16.02.1959 nach Dörverden, 01.10.1965 nach Neustadt a.R.		
Panzerbataillon 34 (1)	01.04.1959 (aus PzJgBtl 1)	Nienburg-Langendamm	01.02.1969 nach Celle-Scheuen	01.10.1981 in Panzerbataillon 334 (2)	
Panzerbataillon 34 (2)	01.10.1981 (aus PzBtl 334 [1])	Nienburg-Langendamm			30.09.1992
Panzerbataillon 41 n.a. (Truppenver-such Kaderung und rascher Aufwuchs)	1988 (aus PzGrenBtl 41)	Göttingen			1992
Panzerbataillon 44 (1)	02.01.1962 (u.a. aus Teilen PzBtl 143 [1])	Arolsen		31.03.1975 in die Panzerbataillone 342 und 343 (1)	
Panzerbataillon 44 (2)	01.10.1980 (aus PzJgBtl 44)	Göttingen			30.09.1992
Panzerbataillon 53	01.04.1975 (aus Teilen PzBtl 54 [1] und 154 [1])	Hessisch Lichtenau			31.03.1983
Panzerbataillon 54 (1)	02.01.1959 (aus Teilen PzBtl 15)	Wetzlar	01.04.1960 nach Wolfhagen	01.10.1981 in Panzerbataillon 64 (2)	
Panzerbataillon 54 (2)	01.10.1981 (aus PzBtl 154 [1])	Hessisch Lichtenau			30.09.1992
Panzerbataillon 61	01.10.1980 (aus Teilen PzBtl 343 [1])	Wolfhagen			30.09.1992
Panzerbataillon 63 (1)	16.03.1959 (u.a. aus PzJgBtl 2)	Stadtallen-dorf		01.10.1981 in Panzerbataillon 143 (2)	
Panzerbataillon 63 (2)	01.10.1981 (aus PzBtl 342)	Bad Arolsen			31.12.2002
Panzerbataillon 64 (1)	01.04.1961 (aus Teilen PzBtl 63 [1], 134 und 194)	Stadtallen-dorf		01.10.1981 in Panzerbataillon 144 (2)	
Panzerbataillon 64 (2)	01.10.1981 (aus PzBtl 54 [1])	Wolfhagen			Juni 2008
Panzerbataillon 73	1992 (aus Teilen Pz-GrenBtl 72)	Altenwalde			2003
Panzerbataillon 74	01.04.1959 (aus Teilen PzBtl 23 [1] und 324)	Seedorf	30.07.1963 nach Altenwalde		31.12.2003

Bataillone					
Name	**Aufstellung**	**Ort**	**Verlegung**	**Umbenennung/ Umgliederung**	**Auflösung**
Panzerbataillon 81	01.10.1981 (aus Teilen PzBtl 83 und 84 und PzGrenBtl 82)	Lüneburg			30.09.1992
Panzerbataillon 83	01.10.1958 (u.a. aus Teilen PzLehrBtl und PzBtl 3)	Lüneburg		01.04.1992 durch Kaderung in PzBtl 83 n.a.	25.04.2008
Panzerbataillon 84	01.07.1959 (aus Teilen PzBtl 83, 174, 183 und 184)	Lüneburg			03.06.2002
Panzerlehr-bataillon 91	02.01.1980 (aus Teilen PzLehr-Btl 93 und 94 und PzGren-LehrBtl 92)	Munster			30.09.1992
Panzerlehrbatail-lon 93	01.12.1958 (aus Panzerlehrba-taillon)	Munster			
Panzerlehr-bataillon 94	01.07.1960 (aus Teilen PzLehr-Btl 93)	Munster	1974 nach Munster (Lutz-Kaserne)		30.09.1992
Panzerbataillon 94 n.a.	1994 (als gekaderter Verband)	Celle-Scheuen			Juni 2008
Panzerbataillon 104 (1)	17.11.1960 (u.a. aus Teilen PzBtl 123 und 124)	Amberg		01.10.1971 in Panzerbataillon 303 (2)	
Panzerbataillon 104 (2)	01.04.1981 (aus PzJgBtl 104)	Pfreimd			
Panzerbataillon 110	01.04.1970 (aus Teilen PzBtl 204 [1] und Pz-GrenBtl 202)	Hemer		01.04.1975 in Panzerbataillon 202	
Panzerbataillon 114	01.09.1962 (aus Teilen PzBtl 104 [1], 123 und 124)	Gärmersdorf	07.01.1963 nach Hohenfels, 05.03.1963 nach Neunburg v.W.	01.10.1970 Umwand-lung in Panzerjäger-bataillon 114, 01.10.1981 Rückum-wandlung in Panzer-bataillon 114	30.09.1992
Panzerbataillon 120	27.03.1970 (aus Teilen PzBtl 204 [1] und Pz-GrenBtl 202)	Hemer		01.04.1975 in Panzerbataillon 203	
Panzerbataillon 121	01.04.1981 (aus Teilen PzBtl 123 und 124 und PzGrenBtl 122)	Amberg			30.09.1992

Bataillone					
Name	**Aufstellung**	**Ort**	**Verlegung**	**Umbenennung/ Umgliederung**	**Auflösung**
Panzerbataillon 123	16.03.1959 (aus PzBtl 4)	Amberg	01.06.1960 nach Gärmersdorf		30.09.1994
Panzerbataillon 124	01.06.1959 (aus Teilen PzBtl 123)	Grafenwöhr	06.10.1960 nach Gärmersdorf		30.09.1992
Panzerbataillon 134	02.01.1959 (aus Teilen PzBtl 15)	Wetzlar			30.09.1992
Panzerbataillon 141	01.10.1981 (aus Teilen PzBtl 63 [1] und 64 [1] und PzGrenBtl 62)	Stadtallendorf			30.09.1992
Panzerbataillon 143 (1)	16.03.1959 (aus PzBtl 5)	Koblenz (Flak-Kaserne)	1969 nach Koblenz (Augusta-Kaserne)	01.10.1981 in Panzerbataillon 343 (2)	
Panzerbataillon 143 (2)	01.10.1981 (aus PzBtl 63 [1])	Stadtallendorf			30.06.2003
Panzerbataillon 144 (1)	01.04.1959 (aus Teilen PzBtl 143 [1])	Koblenz		01.10.1981 in Panzerbataillon 344	
Panzerbataillon 144 (2)	01.10.1981 (aus PzBtl 64 [1])	Stadtallendorf			30.06.2003
Panzerbataillon 151	01.10.1980 (aus Teilen PzBtl 153 und 154 [1])	Koblenz			30.09.1992
Panzerbataillon 153	16.03.1959 (aus PzBtl 25)	Koblenz		1992 gekadert	06.09.2002
Panzerbataillon 154 (1)	1967/1968 (aus Teilen PzBtl 54 [1], 143 [1] und 204 [1])	Hessisch Lichtenau		01.10.1981 in Panzerbataillon 54 (2)	
Panzerbataillon 154 (2)	01.10.1981 (aus PzGrenBtl 152)	Westerburg			31.12.2006
Panzerbataillon 164	16.11.1961	Flensburg-Weiche	15.11.1969 nach Elmenhorst/ Schwarzenbek		30.09.1994
Panzerbataillon 174	16.03.1959 (aus PzBtl 3)	Hamburg-Rahlstedt		1992 gekadert	30.09.1994
Panzerbataillon 181	01.04.1981 (aus Teilen PzBtl 183 und 184 und PzGrenBtl 182)	Neumünster			30.09.1992
Panzerbataillon 183	16.03.1959 (aus PzBtl 13)	Neumünster-Boostedt			31.03.2007
Panzerbataillon 184	01.04.1959 (aus PzJgBtl 3 und Teilen PzBtl 183)	Neumünster-Boostedt		1992 gekadert	Juli 2008

Bataillone					
Name	**Aufstellung**	**Ort**	**Verlegung**	**Umbenennung/ Umgliederung**	**Auflösung**
Panzerbataillon 194	16.03.1959 (aus PzJgBtl 5)	Wetzlar	17./18.03.1959 nach Handorf		30.09.1992
Panzerbataillon 201	01.10.1980 (aus Teilen PzBtl 203 und 204 [2] und PzGrenBtl 202)	Hemer			30.09.1992
Panzerbatail-lon202	01.04.1975 (aus PzBtl 110)	Hemer		01.10.1980 in Panzerbataillon 204 (2)	
Panzerbataillon 203	01.04.1975 (aus PzBtl 120)	Hemer	2007 nach Augustdorf		
Panzerbataillon 204 (1)	16.03.1959 (aus Teilen PzBtl 2)	Hemer		01.04.1970 in Panzerbataillon 110	
Panzerbataillon 204 (2)	01.10.1980 (aus PzBtl 202)	Hemer	13.10.1980 nach Ahlen/Westf.		30.06.2002
Panzerbataillon 210	01.10.1971 (aus PzBtl 303 [1])	Dornstadt		01.04.1975 in Panzerbataillon 282	
Panzerbataillon 211	01.10.1980 (aus Teilen PzBtl 213 und 214 und PzGrenBtl 212)	Augustdorf			30.09.1992
Panzerbataillon 213	16.03.1959 (aus PzBtl 1)	Augustdorf			30.09.1992
Panzerbataillon 214	01.06.1959 (aus Teilen PzBtl 213)	Augustdorf			25.10.2002
Panzerbataillon 220	01.10.1971 (aus PzBtl 304 [2])	Dornstadt		01.04.1975 in Panzerbataillon 284 (2)	
Gebirgspanzerba-taillon 224	01.04.1966 (aus PzBtl 243 [1])	Landsberg (Ritter-von-Leeb-Kaserne)	1968 nach Landsberg (Lechrain-Kaserne)	01.02.1971 in Panzerjägerbataillon 224, 01.04.1981 in Panzerbataillon 224	30.09.1992
Panzerbataillon 234	01.10.1964 (u.a. aus Teilen PzBtl 243 [1] und 244)	Kirchham		1965 in Gebirgs-panzerbataillon 234, 01.10.1971 in Gebirgspanzerjäger-bataillon 234	
Panzerbataillon 241	01.10.1981 (u.a. aus Teilen PzBtl 244 und PzGrenBtl 242)	Landshut	27.09.1985 nach Kirchham		30.09.1992
Panzerbataillon 243 (1)	01.04.1959 (aus PzJgBtl 8)	Traunstein	17.10.1960 nach Landsberg	01.04.1966 in Gebirgspanzer-bataillon 224	
Panzerbataillon 243 (2)	01.10.1981 (aus Teilen GebPz-JgBtl 234)	Kirchham		zum 30.09.1992 gekadert	01.04.1996
Panzerbataillon 244	01.04.1959 (aus PzJgBtl 4)	Landshut	Oktober 1965 nach Landshut		30.09.1992

Bataillone					
Name	**Aufstellung**	**Ort**	**Verlegung**	**Umbenennung/ Umgliederung**	**Auflösung**
Panzerbataillon 273	16.03.1959 (aus PzJgBtl 9)	Böblingen		16.10.1963 geteilt und umgegliedert in PzBtl 363 und 364	
Panzerbataillon 281	01.04.1981 (aus PzBtl 282 und 304 [3])	Dornstadt			30.09.1992
Panzerbataillon 282	01.04.1975 (aus PzBtl 210)	Dornstadt		01.04.1981 in Panzerbataillon 281	
Panzerbataillon 283	01.04.1976 (aus Teilen PzBtl 284 [2] und 304 [3])	Münsingen		01.04.1992 in Fallschirmpanzerabwehrbataillon 283	
Panzerbataillon 284 (1)	04.10.1968 (aus PzGrenBtl 281)	Neuburg/ Donau	22.06.1969 Zusammenführung des Bataillons in Dornstadt	01.04.1970 in Panzerbataillon 304 (2)	
Panzerbataillon 284 (2)	01.04.1975 (aus PzBtl 220)	Dornstadt	1992 nach Heidenheim a.H.	1992 gekadert	31.03.2004
Panzerbataillon 291	01.04.1981 (aus Teilen PzBtl 293 [2] und 294 und PzGrenBtl 292)	Stetten a.k.M.			30.09.1992
Panzerbataillon 293 (1)	01.04.1970 (aus PzBtl 304 [1])	Münsingen		01.10.1971 in Panzerbataillon 304 (3)	
Panzerbataillon 293 (2)	01.10.1971 (u.a. aus Teilen PzJgBtl 224 und 234)	Stetten a.k.M. (Altes Lager)	011.10.1975 nach Stetten a.k.M. (Alb-Kaserne)		30.09.1992
Panzerbataillon 294	16.03.1959 (aus PzBtl 322)	Großengstingen	01.07.1959 nach Stetten a.k.M (Lager Heuberg), Sept. 1966 nach Stetten a.k.M. (Alb-Kaserne)	01.04.1992 in Panzergrenadierbataillon 294	
Panzerbataillon 303 (1)	16.03.1959 (aus PzBtl 310)	Münsingen	30.06.1961 nach Dornstadt	01.10.1971 in Panzerbataillon 210	
Panzerbataillon 303 (2)	01.10.1971 (aus PzBtl 104 [1])	Amberg	01.03.1973 nach Heidenheim a.H.	01.04.1981 in Panzerbataillon 304 (4)	
Panzerbataillon304 (1)	01.07.1961 (aus Teilen PzBtl 294 und 303 [1])	Münsingen		01.04.1970 in Panzerbataillon 293 (1)	
Panzerbataillon 304 (2)	01.04.1970 (aus PzBtl 284 [1])	Dornstadt		01.10.1971 in Panzerbataillon 220	
Panzerbataillon 304 (3)	01.10.1971 (aus PzBtl 293 [1])	Münsingen			13.03.1981

Bataillone					
Name	**Aufstellung**	**Ort**	**Verlegung**	**Umbenennung/ Umgliederung**	**Auflösung**
Panzerbataillon 304 (4)	01.04.1981 (aus PzBtl 303 [2])	Heidenheim a.H.			31.03.2004
Panzerbataillon 310	14.04.1958 (u.a. aus Teilen PzBtl 4)	Borken	01.06.1958 nach Augustdorf, Ende September 1958 nach Münsingen	16.03.1959 in Panzerbataillon 303 (1)	
Panzerbataillon 311 n.a	1988 (aus PzGrenBtl 311)	Delmenhorst			30.091992
Panzerbataillon 314	01.04.1961 (aus Teilen PzBtl 324 und 333 [1])	Oldenburg-Bümmerstede		01.10.1992 in Fallschirmjägerbataillon 314	
Panzerbataillon 322	01.03.1958 (u.a. aus Teilen PzLehrBtl)	Großengstingen		16.03.1959 in Panzerbataillon 294	
Panzerbataillon 324	13.03.1958 (aus PzBtl 23 [1])	Schwanewede			30.09.1992
Panzerbataillon 331	01.04.1981 (aus Teilen PzBtl 34 [1])	Celle-Scheuen			30.09.1992
Panzerbataillon 333 (1)	01.03.1959 (aus Teilen PzBtl 2)	Lingen		01.04.1981 in Panzerbataillon 523	
Panzerbataillon 333 (2)	01.10.1981 (aus Teilen PzBtl 34 [1])	Celle-Scheuen			30.09.1992
Panzerbataillon 334 (1)	01.10.1972 (aus PzBtl 324)	Nienburg-Langendamm		01.10.1981 in Panzerbataillon 34 (2)	
Panzerbataillon 334 (2)	01.10.1981 (aus PzBtl 34 [1])	Celle-Scheuen		01.10.1992 in Panzerlehrbataillon 334	30.06.2006
Panzerbataillon 341	01.10.1980 (aus Teilen PzBrig 14/34)	Koblenz			30.09.1992
Panzerbataillon 342	01.04.1975 (aus Teilen PzBtl 44 [1])	Arolsen		01.04.1981 in Panzerbataillon 63 (2)	
Panzerbataillon 343 (1)	01.04.1975 (aus PzBtl 44 [1])	Arolsen			01.10.1980
Panzerbataillon 343 (2)	01.10.1981 (aus PzBtl 143 [1])	Koblenz		01.10.1992 in PzGrenBtl 343	
Panzerbataillon 344	01.10.1981 (aus PzBtl 144 [1])	Koblenz			30.09.1992
Panzerbataillon 354	04.01.1960 (aus Teilen PzBtl 143 [1], 144 [1] und 194)	Hammelburg			30.09.1992

Bataillone					
Name	**Aufstellung**	**Ort**	**Verlegung**	**Umbenennung/ Umgliederung**	**Auflösung**
Panzerbataillon 361	01.10.1980 (aus Teilen PzBtl 363 und 364 und PzGrenBtl 362)	Kühlsheim			30.09.1992
Panzerbataillon 363	16.10.1963 (aus Teilen PzBtl 273)	Böblingen	01.07.1964 nach Kühlsheim		30.09.2006
Panzerbataillon 364	16.10.1963 (aus Teilen PzBtl 273)	Böblingen	01.04.1964 nach Kühlsheim	1991 gekadert	30.06.2002
Panzerbataillon 373	01.04.1991 (aus Teilen PzRgt 14 [NVA])	Doberlug-Kirchhain			01.04.1996
Panzerbataillon 374 n.a.	01.04.1991 (aus Teilen PzRgt 14 [NVA])	Doberlug-Kirchhain			01.04.1996
Panzerbataillon 383	25.03.1991 (aus Teilen MSR 16 [NVA] und AufklBtl 11 [NVA])	Bad Franken-hausen			30.06.2007
Panzerbataillon 384 n.a.	25.03.1991 (aus Teilen MSR 16 [NVA] und AufklBtl 11 [NVA])	Bad Franken-hausen			30.06.2008
Panzerbataillon 393	22.03.1991 (aus Teilen MSR 23 [NVA])	Bad Salzungen			
Panzerbataillon 394 n.a.	22.03.1991 (aus Teilen MSR 23 [NVA])	Bad Salzungen			01.04.1996
Panzerbataillon 403	01.04.1991 (aus Teilen MSR 27 [NVA])	Schwerin-Stern-Buchholz			31.03.2007
Panzerbataillon 404 n.a.	01.04.1991 (aus Teilen MSR 27 [NVA])	Schwerin-Stern-Buchholz			30.09.1996
Panzerbataillon 413	13.05.1991 (aus Teilen PzRgt 21 und 22 [NVA])	Torgelow			
Panzerbataillon 414 n.a.	13.05.1991 (aus Teilen PzRgt 21 und 22 [NVA])	Torgelow			
Panzerbataillon 423	27.03.1991 (aus Teilen MSR 2 [NVA])	Brück			31.03.2003
Panzerbataillon 424 n.a.	27.03.1991 (aus Teilen MSR 2 [NVA])	Brück			31.03.2003

Bataillone					
Name	**Aufstellung**	**Ort**	**Verlegung**	**Umbenennung/ Umgliederung**	**Auflösung**
Panzerbataillon 513	01.04.1981	Flensburg			30.09.1992
Panzerbataillon 514 n.a.	01.04.1981	Flensburg			30.09.1992
Panzerbataillon 523	01.10.1981 (aus PzBtl 333 [1])	Lingen		01.10.1991 in Jägerbataillon 523	
Panzerbataillon 524 n.a.	01.10.1981	Lingen			30.09.1992
Panzerbataillon 533	01.10.1981	Düren		01.10.1991 in Jägerbataillon 533	
Panzerbataillon 534 n.a.	01.10.1981	Düren			30.09.1992
Panzerbataillon 543	01.10.1981	Hermeskeil			01.10.1991
Panzerbataillon 544 n.a.	01.10.1981	Hermeskeil			30.09.1992
Panzerbataillon 553	01.10.1981 (u.a. aus Teilen PzBtl 304 [3] und PzJgBtl 500 und 510)	Stetten a.k.M.			30.09.1992
Panzerbataillon 554 n.a.	01.10.1981 (aus Teilen PzBtl 304 [3])	Stetten a.k.M.			30.09.1992
Panzerbataillon 563	01.10.1981	Landshut			30.09.1992
Panzerbataillon 564 n.a.	01.10.1981	Landshut			30.09.1992
Panzerbataillon 613 (GerEinh)*	01.10.1983	Hamburg			30.09.1991
Panzerbataillon 623 (GerEinh)*	01.04.1984	Wietmar-schen-Lohne			30.09.19 92
Panzerbataillon 633 (GerEinh)*	01.04.1984	Ahlen			30.09.1992
Panzerbataillon 643 (GerEinh)*	01.04.1984	Baumholder			30.09.1992
Panzerbataillon 653 (GerEinh)*	01.01.1983	Münsingen			30.09.1992
Panzerbataillon 663 (GerEinh)*	01.04.1982	Heidenheim a.H.			30.06.1993

*GerEinh = Geräteeinheit

Dank

Mein aufrichtiger Dank gilt Herrn Oberstleutnant i.G. Norbert Rahn, Pressesprecher für die Angelegenheiten des Heeres im Bundesministerium der Verteidigung, für die zügige Genehmigung meiner Projekte und Herrn Oberstleutnant Stephan Wessel vom Presseinformationszentrum des Heeres samt Team für die kompetente und engagierte jahrelange Zusammenarbeit in Bezug auf die Einsteuerung meiner Recherchen. Des Weiteren gilt mein bester Dank Herrn Oberstleutnant Marc Kunz und Herrn Oberstleutnant Georg Küpper vom »Ausbildungszentrum Panzertruppen« in Munster für das Briefing in puncto Panzertruppe und somit der Wegebnung für dieses Buch sowie für die Sichtung meines Manuskriptes.
Mein allerherzlichster Dank geht an die Männer der 3. Kompanie des Panzerbataillons 203, die mich teilhaben ließ an ihrem Alltag als Panzersoldaten. Insbesondere danken möchte ich dem Kompaniechef, Hauptmann Thomas Doppmeier, für die hervorragende und aufwendige Ausplanung meiner Aufenthalte, Oberleutnant Dominic Ott (Thank you for Travelling mit dem Leo), dem Zugführer des Charly-Zuges, Hauptfeldwebel Christian Gand (AAT-Planetopia), und dem Zugführer des Bravo-Zuges, Hauptfeldwebel Marcus Stassen, für die intuitiv punktgenaue Platzierung des »Gefechtsfeld-Liners« und die kompetente fachliche Beratung.
Für die stets erstklassige Bildbearbeitung möchte ich Herrn Oberfeldwebel Stephan Gläser danken, und für die Zurverfügungstellung von ergänzendem, hochwertigem Bildmaterial gilt mein herzlichster Dank Herrn Björn Trotzki und Hauptmann Michél Baumann. Des Weiteren gilt mein herzlichster Dank Herrn Prof. Dr. med. dent. Armin (Hermann) Böttger für die Zurverfügungstellung der eindrucksvollen und zugleich erschütternden Bilder aus seiner Zeit als junger Panzermann im Zweiten Weltkrieg.
Zum Schluss möchte ich meiner Familie und meinen Freunden danken für ihr Verständnis für meinen nicht alltäglichen Beruf.